U0376795

布教授有办法 | 美国家喻户晓的儿科医生与发展心理学家**布雷泽尔顿**重磅力作

Feeding Your Child

恰到好处的喂养

（美）T.贝里·布雷泽尔顿（T.Berry Brazelton）
乔舒亚·D.斯帕罗（Joshua D.Sparrow） 著
严艺家 译

化学工业出版社
·北京·

声明：本书旨在提供参考而非替代性建议，一切应以你孩子儿科医生的建议为准。本书所涉内容不应成为医疗手段的替代方式。作者倾尽全力确保书中内容和数据在出版时的精准度，但由于持续的研究及海量信息，一些新的研究成果可能会取代本书中现有的数据与理论。在开始任何新的治疗或新的项目之前，你需要就孩子的健康、症状、诊断及治疗问题等咨询儿科医生。

Feeding Your Child /by T. Berry Brazelton, M.D.,and Joshua Sparrow, M.D.
ISBN 978-0-7382-0919-8

北京市版权局著作权合同登记号：01-2018-8926

图书在版编目（CIP）数据

恰到好处的喂养 /（美）T. 贝里·布雷泽尔顿（T.Berry Brazelton），（美）乔舒亚·D. 斯帕罗（Joshua D. Sparrow）著；严艺家译. —北京：化学工业出版社，2019.9
（布教授有办法）
书名原文：Feeding Your Child
ISBN 978-7-122-34790-9

Ⅰ.①恰… Ⅱ.①T…②乔…③严… Ⅲ.①婴幼儿-哺育-基本知识 Ⅳ.①TS976.31

中国版本图书馆CIP数据核字（2019）第133624号

责任编辑：赵玉欣　王新辉　　正文插图：张乔坡
责任校对：张雨彤　　装帧设计：尹琳琳

出版发行：化学工业出版社（北京市东城区青年湖南街13号　邮政编码100011）
印　　装：北京新华印刷有限公司
880mm×1230mm　1/32　印张$6^3/_4$　字数113千字　2019年9月北京第1版第1次印刷

购书咨询：010-64518888　　售后服务：010-64518899
网　　址：http://www.cip.com.cn
凡购买本书，如有缺损质量问题，本社销售中心负责调换。

定　　价：49.80元　

译者前言

“喂养焦虑”可以说是全球所有新手父母的共同焦虑。喂养是父母这一身份的首要职责，以至于当其出现任何不顺利或不尽如人意的迹象，都会威胁到父母们的自我身份认同：我真的有能力养大一个孩子吗？

婴幼儿喂养在中国又有着特殊的文化背景。一来“民以食为天”，“吃”是中华民族的文化资源，饮食在中国人的日常生活中是如此丰富生动的存在。如果对比中国婴幼儿和欧美婴幼儿的童年食谱，中国孩子的食谱估计无论从食材、烹调还是口感都会全面胜出。二来从历史维度而言，能自由自在选择食物也不过是过去几十年才有的事情，作为一个经历过战乱与饥荒的民族，许多人的记忆中还残存着食物匮乏的体验，以至于在喂养婴幼儿时，无意识中会想要避免那些被威胁到生存的感觉，造成的结果之一就是喂养过度。“肥胖”已经开始悄悄成为了婴幼儿群体的潜在健康威胁。

身为美国最负盛名的儿科医生之一，布雷泽尔顿教授见证婴幼儿喂养的经验超越了半个世纪，帮助成千上万的父母“恰到好处地喂养”他们的宝宝，从而滋养出孩子强健的身心。从摇篮到餐桌，从乳房到厨房，布雷泽尔顿教授在本书中详尽描述了婴幼儿成长不同阶段所需的基础喂养标准以及可能面临的各种喂养挑战。如果孩子的喝奶吃饭问题令你感到困扰，这本无微不至的身心养育指南一定会带给你诸多力量与启发。

与他的任何一本书一样，喂养并不是作为单一的生理需求被谈论的。布雷泽尔顿教授用极大的篇幅讨论了与喂养有关的心理发展，以及喂养问题背后的情感及行为。这使得父母在面对孩子挑食、拒食等一系列问题时告别了“头痛医头、脚痛医脚”的局限性，而是可以透过现象看本质，从进食角度出发，反思养育环境中的局限性并做出相应调整。

“喂养”的意义远超食物本身。一个人在进食时所体验到的“关系”，几乎可以奠定他对这个世界的基础信任感，毕竟人生正儿八经做的第一件事情就是进食。如果一个小婴儿喝奶时体验到的氛围是温情脉脉的，这种身体记忆会以某种形式留存很久；倘若一个蹒跚学步的孩子吃饭时体验到的氛围是局限压制的，那些与进食有关的联想也就变得不那么美妙。在许多人的童年记忆里，家人烹制的食物所引发的味觉体验会使他们与恒久的爱意连接；同样地，一家人围坐在热气腾腾的饭桌边愉快进食的体验，又仿佛一座安全基地，可以让人一路成长通向远方时永远有归处。在中国文化中，“进食”在人际关系中扮演着如此重要的角色，甚至可以说，对婴幼儿喂养问题的处理是在潜移默化中培养孩子们的“食商”，如同智商及情商一样，倘若一个孩子能在进食方面拥有体验及创造美好的能力，这将会使其在日后的人生中受益无穷。

在布教授的系列书中，很少会看到他使用一些绝对禁止性的表达，他在最大程度上尊重父母们的育儿选择，在“术”之外亦聚焦于“道”，摒弃了许多不必要的焦虑与规制。但在本书中，他用坚定的口吻多次强调：“永远不要把餐桌变成战场与惩罚。”在布教授看来，在喂养方面的支持需要是无条件的，如果孩子体验到喂养在某些情况下是会被威胁的（例如，犯了错会被惩罚不吃饭，或者餐桌上必须按照父母而非孩子自己的意志进食），那么这会威胁到孩子的基础安全感，也会破坏他们与食物之间的关系。当一个人对食物的体验是充满惩罚、压制与不安的，这不仅会在当下使其出现各种喂养层面的困难，干扰正常身心发展，更有可能会在日后引发各种身心健康问题，比如进食障碍或肥胖等。

尽管告诫父母们不要在进食问题上与孩子发生战争，但布教授也非常理解父母喂养孩子的愿望会与孩子进食的实际状况产生冲突，并一如既往和善轻松地探讨了简单可行的解决方案。在布教授的书里没有非黑即白、非此即彼的做法，很多时候他分享示范着在为人父母的道路上求同存异、整合平衡的智慧。相信读者们在阅读本书时会体验到，让不同年龄阶段的孩子在进食问题上充分做主完全是有可能的。带着从食物中获取的愉悦、温暖与自由，那些与味蕾有关的美妙记忆也会成为孩子们终生的心灵养分。

严艺家

2019 年 4 月，于上海

原著前言

自从我的第一本书《触点》(*Touchpoints*)出版以来，我收到来自全国各地的父母以及专业人士的诸多问题和建议。最常见的育儿问题集中在哭泣、管教、睡眠、如厕训练、喂养、手足之争以及攻击性。他们建议我写几本短小精悍的实用手册，来帮助父母们处理这些养育孩子过程中的常见挑战。

在我多年的儿科从业生涯中，不同家庭都告诉我这些问题在孩子发展过程中的出现经常是可被预测的。在《布教授有办法》系列书中，我试图去讨论这些父母势必会面临的问题，而这些问题往往出现在孩子实现下一个飞跃式发展前的退行阶段。我们试图通过哭泣、管教、睡眠、如厕训练、喂养、手足之争和攻击性等议题的讨论，帮助父母们更好地理解孩子的行为。同时，每本书也提供了具体的建议，使父母们得以帮助孩子应对这些阶段性的挑战，并最终回归正轨。

《布教授有办法》系列书主要关注的是生命最初六年里所经历的挑战（尽管更大孩子的话题有时也有提及)。我邀请了医学博士乔舒亚·D.斯帕罗和我共同完成系列书的写作，并且加入了他作为儿童心理医生的观点。我们希望这些书可以成为父母们养育孩子的简明指南，可以用来陪伴孩子面对他们成长中的烦恼，或者帮助父母发现孩子那些令人喜悦的飞跃式发展的信号。

尽管过度哭泣、夜醒、大发雷霆、尿床、围绕食物的斗争等问题是普遍和意料之中的，但这些困难对于父母来说依旧压力重重。这类问题大部分都是暂时且不严重的，但如果没有支持与理解，它们会使整个家庭不知所措，并且严重影响孩子的发展。我们希望书中所提供的信息可以直接帮助处于不确定中的父母们，使他们能够重拾陪伴孩子成长过程中的兴奋与喜悦。

T. 贝里·布雷泽尔顿

目录

第一章　喂养不是战争，这些父母要知道

“吃什么吃多少”这件事是必须要让孩子自己做主的。

卸下甜蜜的负担　/　003
吃什么吃多少让孩子做主　/　005
营养均衡当然重要，进食乐趣同样重要　/　008
气质类型不同，喂养方式理应不同　/　011
安静的孩子这样喂养　/　011
活跃的孩子这样喂养　/　013
喂养不止于营养，更是体验亲密的契机　/　015

第二章　掌握0 ~ 5岁发展关键点，给孩子恰到好处的喂养

“喂养”的意义远超食物本身，孩子在进食时所体验到的“关系”几乎可以奠定他对这个世界的基础信任感。

出生前　/　019
喂养始于出生前　/　019
母乳喂养还是奶瓶喂养　/　020

喂养最重要的部分——情感连结 / 028
父亲的角色 / 030

新生儿 / 031

初尝母乳，学会吮吸 / 031
觅食反应与母婴互动 / 032
他需要多久喂一次 / 035
他需要喝多少奶 / 036
他何时需要吃奶 / 037
母婴情感连结的建立 / 039
奶瓶喂养之初体验 / 040
拍嗝与打嗝 / 044
他喝奶量足够吗 / 045
他开始学习信任 / 047
要安抚，不要奶 / 048

3周 / 049

准备好让爸爸参与喂奶了 / 050
逐步形成稳定的喂奶和睡眠循环 / 052
安抚不了的“黄昏哭闹” / 052
可能出现频繁吐奶 / 054
排便时间间隔变长 / 054

2个月 / 055

会咯咯笑，学会了对吃奶的期待 / 055
会区别对待妈妈、爸爸和陌生人 / 056
喝奶量更大，更有耐心 / 058
“黄昏哭闹”达到顶峰 / 059

排便仍然不规律 / 059

4个月 / 061

共享甜蜜的喂奶时光 / 061
是时候拉长喂奶时间间隔了 / 063
或许准备好夜间睡长觉了 / 064
出现短暂的厌奶期 / 065
出牙了，吃奶好难受 / 066
开始“认生”了，其他照料者怎么办 / 067

6个月 / 069

可以添加辅食了 / 069
新挑战和新问题出现了 / 070
食物过敏高发期 / 073
如何保住母乳量 / 075
夜间喝奶后可以自己入睡 / 075
可以坐着吃东西了 / 076
可以伸手抓握了，喂养挑战升级 / 077
模仿能力即将出现 / 078

8个月 / 080

喂养规律已经建立 / 080
学会“餐桌社交”新技能 / 081
陌生人焦虑 / 081
学会爬行，随处抓东西吃 / 082
手指头更灵活了 / 083
自己吃饭的开始 / 083
学会指来指去要东西 / 084

学会指尖抓握，捏起什么吃什么 / 084
“杯盘狼藉”的用餐时间 / 085
块状食物宝宝最心仪 / 086
新本领带来新的安全隐患 / 087
奶依旧是最重要的食物 / 087

10个月 / 088

用餐需要仪式感 / 088
食物偏好出现了 / 089
小心鸡蛋过敏 / 090
喂奶效率超级高 / 091
吮吸依然至关重要 / 092
向全家共同进餐过渡 / 093

12～24个月 / 093

我来！让我自己来 / 094
好好吃饭？不可能的 / 096
何时断奶？怎么断？ / 105
学习用杯子喝水 / 108

2～3岁 / 109

边吃边玩 / 109
在混乱中学习 / 110
吃饭要快乐，不要压力 / 111
喂养问题多多 / 115

4～5岁 / 116

是时候建立餐桌礼仪了 / 116
挑食、拒食是在建立独立感 / 118

不要落入“甜食陷阱” / 120
与家人共同进餐的社交意义 / 121

第三章 喂养的挑战与解决方案

永远不要把餐桌变成战场，把食物当成奖励或惩罚。

父亲与喂养 / 127
爸爸参与喂养好处多 / 127
何时开始参与喂养 / 129
远离“意见人士”，坚定地去尝试 / 130

睡前奶 / 131
如无必要，不必喂奶 / 131

吐奶 / 132
如何区分吐奶和呕吐 / 132
宝宝吐奶怎么办 / 133

呕吐 / 133
可能是胃食管反流 / 133
父母应该怎么做 / 135

喷射状呕吐 / 137
可能是幽门狭窄 / 137

咽反射与吞咽问题 / 138
吞咽肌肉协调不好所致 / 139

口腔和舌头过度敏感所致 / 139

窒息 / 140

可能导致窒息的食物 / 140
如何处理窒息 / 141

牛奶过敏 / 143

母乳过敏很罕见 / 143
乳糖不耐受不是牛奶过敏 / 143
牛奶蛋白过敏怎么办 / 144

食物过敏 / 147

湿疹是过敏反应的信号 / 147
发现宝宝食物过敏怎么办 / 148

营养需求 / 149

不同年龄段营养需求大不相同 / 149
饥饿感是孩子饮食需求的指南 / 151
推荐给孩子的均衡饮食 / 151

生长迟缓 / 153

何为生长迟缓 / 153
进食量不足引起的 / 154
心理原因引起的 / 154
医学原因引起的 / 155
宝宝生长迟缓怎么办 / 155

超重 / 156

饮食及运动原因 / 156

心理原因 / 157
孩子超重了怎么办 / 158

挑食 / 162

有的孩子味蕾格外敏感 / 162
有的孩子用挑食对抗父母 / 162

拒食 / 163

何为拒食 / 163
拒食的可能原因 / 164
一定不要逼孩子吃东西 / 164

乱扔食物 / 165

餐桌礼仪 / 166

通过模仿大人学习餐桌礼仪 / 166
礼仪养成需要循序渐进与反复练习 / 167

食物与奖惩 / 168

不要用食物来奖惩 / 168
吃什么、何时吃、吃多少都应让孩子做主 / 169
别让甜品成为斗争焦点 / 169

电视与饮食习惯 / 171

永远不要边吃饭边看电视 / 171

带着孩子一起买菜做饭 / 174

在采购食物中学习 / 174
力所能及地参与做饭和整理 / 175

垃圾食品 / 176
让孩子远离电视广告 / 177
不让垃圾食品与健康食品“正面交锋” / 178

早产儿、体弱儿喂养 / 180
艰难地适应新世界 / 181
喂养困难 / 182
配方奶喂养 / 183
充满挑战的母乳喂养 / 183

生病与进食 / 186
感冒或上呼吸道感染时 / 186
腹泻、呕吐时 / 187

学校午餐 / 188
从家里带饭的积极意义 / 188

维生素和矿物质补充 / 190
维生素和矿物质补充须知 / 191
铁的补充 / 192
钙的补充 / 193
维生素D的补充 / 194

反刍 / 195
铅中毒 / 196
异食癖 / 198

致谢 / 199

第一章 喂养不是战争，这些父母要知道

“吃什么吃多少”这件事是必须要让孩子自己做主的。

恰到好处的喂养

卸下甜蜜的负担

喂养孩子对父母而言是一项神圣的任务。从胎儿在子宫里的第一次胎动开始，准父母就会感觉："这是我的新生命，我有责任确保孩子能茁壮成长，好好喂养她是我义不容辞的责任。"甚至在宝宝出生前，养育者这个新角色已经令准父母们感觉挑战重重了。在孩子出生后，喂养可能会带来许多忧虑，但养育新生命、与宝宝共处的时光毫无疑问更是父母们快乐的源泉。

如果父母精心喂养，孩子会遵循一定的规律逐步发展。但也必然存在一些阶段，孩子会变得难以喂养，这些可预测的困难阶段我称之为"触点"。触点通常引领着孩子新一轮独立自主能力的大爆发。

当一个坚持己见的孩子渴望更多地参与到喂养过程中时，例如自己扶住奶瓶、鸭嘴杯或勺子，或从高脚椅上扔掷块状食物，这会令父母觉得被挑战了。当孩子准备好在照顾自己这件事情上扛起更重要的角色时，喂养困难就会出现。父母会察觉到孩子想要独立成长的愿望，对此他们有可能会试图夺回控制权，唯恐失去那个他们好不容易才搞明白的孩子。但父母也可以试着让孩子自己来，并且为孩子新获得的能力而感到骄傲。当父母能做到“放手”时，喂养就会再次成为快乐的源泉以及亲子共处的美妙时光。

我之所以把这些充满变化的时段称为“触点”，是因为当我能够在恰到好处的时机向父母提供他们所需要的资讯，让他们意识到孩子此刻的纠结对未来的发展非常重要，他们就可以重新审视自己的角色，不再那么焦虑。本书第二章分年龄阶段呈现了当孩子想要更独立的目标与父母想要“好好喂养她”的目标发生冲突时的情形，供读者参考。当你可以在这些时间点来临前做好心理准备，你就能更自如地规划孩子的膳食，并且鼓励孩子参与进来。第三章“喂养的挑战与解决方案”讨论了在孩子学习进食的过程中以及父母在头几年试图喂养孩子时所出现的常见问题。

阅读的过程中你会发现，本书并非是从儿科营养学或肠胃疾病角度书写的冗长指南，而是重点聚焦在与喂养有关的儿童行为与心理解读上，时间跨度涵盖人之初至幼儿期。一些更加特殊的喂养及进食问题，如食物成瘾、过敏或消化系统疾病等可以通过其他专业书籍与渠道获取信息。

吃什么吃多少让孩子做主

当婴儿不断成长，父母养育她的责任也在与日俱增，难怪当孩子为做出自己的选择而努力抗争时，父母会很难把喂养这件事情交给孩子做主。我自己的母亲是一位敏感而称职的妈妈，她无法允许我的弟弟自己学习进食。我脑海中的记忆是，当我们还是小孩子时，每顿饭她都要花上两个小时，以哄骗、唱儿歌、挑出一点点食物的方式喂给弟弟吃，而弟弟则相应控制着全局。当大人们要求他把嘴闭紧时，他的腮帮子会鼓得大大的；他也会戏谑地看着妈妈进行这场为时两小时的战斗："求求你了，最后一口！"妈妈会一遍又一遍地乞求，然而这是徒劳的。

这些经历成为了我自己的"童年阴影"[1]。这在某种程度上奠定了我后来的人生之路。最终我决定成为一名医生，帮助父母们把他们的急切转化为积极的儿童养育方式，特别是在和喂养相关的领域里。很多父母会发现，当他们陪伴自己的孩子度

---

[1] 这个概念是由儿童心理学专家塞尔玛·弗雷伯格提出的，用来描述童年回忆对人成年后的行为所产生的影响。

过与喂养有关的困难阶段时，那些自己被喂养的童年记忆（童年阴影）就会再次浮现出来。

例如，在孩子快满1岁时，父母理应将食物种类和数量的选择权交给孩子，可是很多父母会感觉很难做到。但是，没有哪一个父母可以通过逼迫成功地使孩子进食：在与食物有关的战场上，父母总是输的那一方。父母能做的只是把健康的选择呈现给孩子。

对任何一个小孩子来说，自己进食和做出自己的选择都是其必要的目标。父母不得不试着放弃那种把温润小婴儿搂在怀里喂养的美好体验，转而面对一个1岁孩子更想尝试将食物到处扔而不是把它们放进嘴里的诉求。但最终，营造用餐时那种“在一起”的愉悦感受是父母支持孩子养成健康进食习惯的最有效方式。

当父母围绕着吃什么和吃多少食物而与孩子开展斗争时，孩子的饥饿感在那一刻似乎就失去了重要性。饥饿感是一种基础本能，是由大脑中非常初级的部位来管控的。但是，儿童大脑中更加复杂的部分发动起来时会掩盖饥饿感。例如当一个孩子开始思考：“妈妈说我要吃饭的时候我就必须要吃饭吗？她可以逼我吃饭吗？”而当这样的斗争开始时，孩子的饥饿感也许就不足以让孩子想要进食。如果父母和孩子之间围绕食物的矛盾重重，那么食物就丧失了它本来的意义——食物既是健康的必需品，也是舒适和愉悦的来源。

有时候这样的矛盾源自父母的“童年阴影”，有时候则是源于婴儿或幼儿在吮吸、吞咽、协调咀嚼运动等各方面能力上的不足。通常这些因素也会互相影响。世界各地的父母都如此在意孩子的生存与成长，对他们而言，食物就如空气一样是必需的，因此，围绕食物而起的冲突总是激烈的。而对于孩子来说，他们从很早开始就对食物有强烈偏好，很显然在吃什么吃多少的问题上，他们不能完全听命于父母。

父母会把自己很多（与食物有关的）童年经历带到餐桌上。在我还是一个年轻的儿科医生时，我乐此不疲地推荐父母们和孩子一起进餐并给予很多建议，而同时我和自己的孩子吃饭时却得了胃溃疡。每次吃完饭，我都会觉得胃疼。我发现自己在家会说一些永远不会建议别的父母说的话：“再多吃一口——你会喜欢的。”孩子会抬头看着我，仿佛在说：“我为什么要喜欢这个？”当他们意兴阑珊地想要远离餐桌时，我会假装从他们盘子上偷走一些食物，仿佛要以这样的方式刺激他们多吃一点："不然爸爸要把你的食物偷走了。"

他们也许永远不会忘记我这些滑稽可笑的行径，也许也不会明白为什么我如此在意他们要吃多少以及吃了什么食物。幸运的是，当我意识到自己行为背后的原因时，胃疼开始消失了——这是我的童年阴影，我的妈妈曾这样逼迫我的弟弟进食。尽管我侥幸没有被她这样对待过，但在进餐时，这种氛围依旧是司空见惯的。

因此，我会建议父母们在过度纠结于孩子吃多少和吃什么的时候，去重新审视一下自己的经历。"童年阴影"会干扰常识，并且更有可能在你不自知的前提下影响你的行为。一旦你意识到了这些，你就可以做出选择。好在孙辈们又给了我一次机会，我没有从孙辈们的餐盘里"偷"食物，我也没有给他们的父母施压要求让孩子吃得"营养全面"。让孩子们自己说了算。

营养均衡当然重要，进食乐趣同样重要

父母有强烈的决心去喂养孩子以免他们营养不良。在进行一项研究时，我进一步确认了这个观点：1978年，我们对危

地马拉的玛雅印第安人进行了一项研究，他们普遍具有营养不良的问题。这里大多数怀孕的女性一天的热量摄入为1200～1400千卡。我们知道为了使胎儿大脑能够完全成长发育，孕妇一天需要摄入的热量应不低于2000千卡（具体的数值会因为身高、活动水平和其他因素而千差万别）。

为了把她们的膳食营养增加到充足的水平，我们每天给这些孕妇提供1000千卡的液体补给。每天她们会来到我们的研究中心来领取这些补给，并带回家，然后把这些东西分给全家人！我们为这些孕妇特制的液体补给从来未被用在胎儿身上。这些孕妇认为自己理应首先喂养那些已经出生的孩子。这样做产生的可悲结果是，当那些尚未出生的胎儿成长到学龄期时，他们的智商是低于预期水准的。

当我们接受了这一情理之中的认识——妈妈当然会优先于自己去喂养她的孩子们，我们就决定改变策略。我们开始劝说这些善意的母亲喝下补给液，以“生出更聪明的孩子”。当她们理解了服用这些额外的液体并不只是为了自己好，而是为了未出生的孩子好，她们就会愿意自己喝掉那些液体。通过这个例子，我们看到这种想要保护后代的母性本能是多么的强大！

在危地马拉的研究也让我们看到了营养不良对儿童发展所造成的严重影响。我们了解到当孩子在子宫内或婴儿早期营养不良，那么他们未来的智商水平可能更低。在出生的时候，那些母亲孕期营养不良的婴儿对喂养反应更小。妈妈可能只会在“他们想要喝奶”的时候喂养他们，这些昏昏欲睡的婴儿可能一天只会喝3顿奶，而不是一天6～8顿奶——这是一个喂养良好的婴儿通常需要的奶量。

即使是在物资丰富的地区，父母对于确保孩子被良好养育的责任感也同样强。事实上，当越来越多的研究帮助我们理解了营养对于健康及早期大脑发育的影响，也会使得父母将这种压力转嫁到孩子们头上。这个过程会干扰到孩子进食的乐趣——这是仅次于饥饿的、对孩子们而言第二重要的动力。

有关营养，值得研究探索的依旧很多。就目前所知，当孩子能享受地吃下各种类型的食物时，他们就会得到均衡的营养，从而最大程度上使他们健康茁壮地成长。为了帮助孩子发展出对食物的好奇心与灵活度，进餐时间需要是好玩的、放松的，是让全家人享受共处的时间。在本书中，我们会就保持这些体验提供各种方法。

除了父母的责任心之外，来自于他人的压力以及孩子想要独立进食的斗争，也会影响进食的乐趣。父母需要做好心理准备面对那些冲突可能出现的触点。我们的最终目标必须是使孩子能够独立进食，并且能享受进食足够多的合适食物以使自己成长和健康。此外，父母还需要考虑到孩子的气质类型，以及在孩子不同发展关键点来临时的挑战（我们将在第二章中对此进行进一步阐述）。

气质类型不同，喂养方式理应不同

安静的孩子这样喂养

一个安静、敏感的孩子可能与自己的同龄伙伴们不在同一个频道上，她可能会对喂养非常顺从，甚至在那些通常会产生冲突的发展阶段保持顺从的状态。例如，和同龄伙伴们不同的是，她可能直到1岁多还会接受被喂食的过程，似乎满足于做一个被动的接收方。但突然一夜之间，她开始拒绝食物了！她再也不能忍受被喂食了，而她回应的方式可能是消极抵抗。

她拒绝被喂食的举动对父母而言是个提醒：父母需要后退一步并且让她试着自己进食。由于她还没有用手指吃东西或使用器具的经验，她最初想要尝试自己进食时可能看起来非常笨拙，每次吃饭都会弄得乱七八糟的——她的脸上、衣服上及桌子上、地上，到处都是食物，这仿佛是为她过去的顺从而不得不付出的代价。

当这番乱七八糟的景象出现时，父母们甚至可以对此表示欣慰——因为当孩子进入到这个自我主张的阶段并开始拒绝进食时，这番景象至少让父母们松了口气。对这样的孩子保持耐心是重要的，允许她学习如何自己进食；每次吃饭时，可以少量多次，每次给她两小块充满吸引力的手抓食物。然后“无视”她纠结的过程，让她自己来。陪伴孩子，但不要在进餐时逗引她。当她吞下两小块食物后，再一次给她两块，这个过程会持续到孩子开始捏碎食物或从高脚椅上把它们扔下来为止。这些行为意味着要停止给孩子更多食物了——直到下次进餐开始。不要让她在两餐之间不断吃东西。在现阶段，先不用担心如何让孩子吃下一顿营养均衡的餐食。你要明白的是，这个过去无比顺从的孩子正在飞速学习自己吃饭的技能。如果她在更早期的时候没有那么被动，并且在当时就想要学着自己吃饭的话，学习过程可能会比现在要多出几个月来。父母需要做的就是保持耐心，并跟随她的脚步。

活跃的孩子这样喂养

在气质谱系的另一端是那些活跃的、一刻不停的、对所有事物都无比好奇的孩子。她对视觉、声音和跑来跑去的兴趣远比对食物的兴趣大。如果父母的动力是想使孩子喂养得极好，那他们一定会感到挫败，甚至绝望："在你的椅子上坐好"，当孩子爬出高脚椅几乎摇摇欲坠时，父母会用近乎乞求的方式这么说。孩子羞怯地抬起头，伸出一只手要"饼干"。只要她能不断在屋子里爬来爬去，在家具上爬上爬下，用脏兮兮的手指拉开抽屉拿出衣服，那么不管什么食物她都会吃的。

许多活跃孩子的父母曾经问我："我该追着孩子喂饭吗？她坐下来吃饭的时候吃得总是不够，她几乎不能好好坐着吃饭。我也会试图等她感到饥饿再让她吃饭，但她从来没有真的饥饿过。感觉自己一整天都要不断给她吃点东西才能确保她营养均衡，我到底应该怎么做呢？"

我的建议包括以下几点。

1. 确保进餐是一家人在一起的神圣时刻，不要让手机或别的干扰物打断这个过程。

2. 当孩子失去了坐在桌子上的兴趣时，这顿饭就结束了。把孩子抱下来并让她知道她的这顿饭已经结束了，两顿饭之间没有别的食物。

3. 让进餐成为与彼此在一起共享的欢乐时刻——至少尽力和一个在座位上不断扭动的、扔掷食物的学步儿去创造这样的体验。让进餐尽可能成为彼此陪伴的时机——当孩子吃东西时你也吃东西；但如果孩子不吃，你可以吃自己的东西，并且让她知道如果她依旧留在餐桌上的话，可以和你聊天并享受在一起的时光。如果她不断扭动身体想要离开，把她抱下桌子，并且她必须要等待你吃完饭才能得到关注。最终她会学会模仿你的行为。

4. 餐桌旁没有电视机，也不要为了让她坐着好好吃饭而许诺给她特别的甜点。

5. 确保你允许她自己吃饭，永远不要说：“再吃一口。”当你这么说的时候，就是把自己放在了被孩子不断试探的位置上。

6. 别自找麻烦给孩子煮一顿特别或惊喜的餐食，很可能你的失望会大于实际的好处。相应地，让孩子知道“这是我们今晚要吃的食物”。如果她不想要吃这些东西，那她就要等到下顿饭再看看有没有自己更喜欢吃的。

7. 当孩子足以承担一些很细微的家务时，让她参与到进餐前后的过程中，例如摆放餐具（从只是摆放餐巾纸开始！）、用海绵洗碗等。

8. 让儿科医生检查孩子的体重与长势，如有必要可以给她开一些营养补充剂。

9. 最重要的是，不要把餐桌变成战场，也不要把她的高脚椅变成囚禁她的牢房。

喂养不止于营养，更是体验亲密的契机

从人之初开始，喂养就是体验亲密的契机。当父母能提供孩子所需，并和她享受进食的乐趣时，她会感受到这份亲密的满足。进餐时间让父母和孩子有机会放松地享受与彼此在一起的时光。如果父母能处理好自己的感受，接受孩子在这个领域想要独立，孩子就会更期盼进餐时间，并像家里其他成员那样进食。

在四五岁的时候孩子会通过模仿比自己大的人来学习餐桌礼节与进食态度。保持进餐时间愉悦，使之成为彼此能够交流的时光，把需要讨论的困难话题留到另一些时候去进行。尤其在今时今日，面对各种外界压力的家庭更需要通过用餐仪式来凝聚彼此。孩子们需要的是和别的家庭成员而不是和电视机共享进食过程。

第二章 掌握0~5岁发展关键点，给孩子恰到好处的喂养

“喂养”的意义远超食物本身，孩子在进食时所体验到的“关系”几乎可以奠定他对这个世界的基础信任感。

恰到好处的喂养

出生前

喂养始于出生前

从孕期一开始，每个准妈妈都有机会体验到那种想要胎儿在自己体内成长良好的渴望，以及自己为胎儿全面发展尽心尽力时的满足。当然，晨吐是会让这个过程更加艰难的，特别是在怀孕头三个月的时候。不过有很多孕期女性发现，苏打饼干、不含气的苏打水、西柚汁等可以帮助她们缓解恶心呕吐。通常，哪怕是最糟糕的孕吐也会从孕期第三个月起逐渐消退。

除了平衡健康的膳食之外，孕期女性也会服用产前检查时医生开出的维生素与矿物质补充剂。在孕期，女性需要更多的热量和更多某些种类的维生素与矿物质，因为她们是在为两个人而吃。例如，叶酸可以防止宝宝出现某些先天畸形，所以你需要比没有怀孕时更多的叶酸才行。铁元素则可保护母亲和胎儿免于缺铁性贫血。相比没有怀孕的女性，孕期女性需要在胎儿骨骼发育时额外摄取多达50%的钙来保持自己的骨骼强健。在营养补充剂的问题上需要和医生进行讨论，因为摄入过多的铁、钙和某些维生素也是有害的。在每次产前检查时，你的医生或护士、助产士会帮助你确认膳食、维生素和矿物质补充剂以及体重增长是否处于最佳状态，而这对胎儿的健康发展大有好处。

孕妇应避免饮酒和吸烟，同时孕期也要避免高浓度的铅暴露。酒精、烟草和铅都会损伤未出生宝宝发育中的大脑，而且烟草也会干扰从母体胎盘传输给胎儿的营养的吸收过程，增加了孩子出生时低体重的风险。如果你为了戒烟戒酒，需要得到帮助，一定要询问医生。你值得被好好帮助，而不是被评价，特别是在这样一个重要的时期。

母乳喂养还是奶瓶喂养

到了孕期的最后三个月，就该决定未来是采取母乳喂养还是奶瓶喂养。作为儿科医生，我一般希望能在孕妇孕期第七个月的时候和准父母进行一次产前会面。这时是讨论这些问题的好时机，因为生产和分娩的进程尚未占据准父母所有的注意力，各种其他可能令他们焦虑的事情还没出现。

在这个产前会面的过程中，我可以在没有婴儿横亘其中的状态下去了解准父母双方。每个父母都可能会讨论他或她对于为人父母的计划、愿望和不安。我们能借着这个机会去分享他们对于婴儿的顾虑和期望。所有的准父母都会犹豫："我如何学会做父母呢？我会有一个怎样的宝宝呢？"

当我询问："你打算怎么喂养你的宝宝"时，我们就有机会讨论孩子出生后是选择母乳喂养还是配方奶喂养。

母乳喂养

作为一个儿科医生，对此我是持有"偏见"的。美国儿科学会推荐母乳喂养12个月，下面是其中的一些理由。

1. 母乳是为婴儿而设的，牛奶是为小牛而设的。尽管现在的配方奶技术已经成熟且能在很大程度上被婴儿所吸收，但还是有相当数量的婴儿会对牛乳配方过敏，而母乳过敏的情况几乎不存在。我从未遇到过对母乳过敏的婴儿，偶尔，婴儿可能会对妈妈吃的并传输到母乳中的食物过敏，通常这种情况可以在妈妈不吃这些食物时得以完全消失。牛奶过敏在一开始会难以被察觉，因为它们也许并不会以皮肤红疹或肠胃激惹的症状出现，这种状况甚至会持续好几个月。当婴儿对配方牛奶过敏时，则必须使用别的替代品（参见第三章

“牛奶过敏”)。

2. 母乳让新生儿拥有母体的抗体，以抵抗外界感染。在全面下奶前的两三天，浑浊的初乳会先分泌出来，这里面含有大量能抵抗感染的抗体。在母乳喂养阶段，母乳中的保护性抗体会一直存在，可降低孩子耳部感染、咳嗽及感冒的风险。事实上，母乳也能保护婴儿免受红疹和其他过敏的困扰。

3. 如果纯母乳喂养的话，宝宝是不会被过度喂养的——即使母乳喂养的宝宝似乎吃奶次数更多，并且看起来会有“奶胖”。而那些因为母乳而“奶胖”的孩子很可能会在断奶后甩掉那些不必要的脂肪。父母可以定期带婴儿接受儿科医生的阶段性检查以确保他摄取了足够多的营养，并且以必要的速度在生长，这样父母们就可以放轻松，和孩子一起享受美妙的喂奶时光了!

4. 母乳会给宝宝提供1周岁内最需要的营养成分，甚至还提供了一些宝宝为了吸收这些营养成分所需的消化酶。即使妈妈自己营养不良，母乳的营养价值依旧会被大自然所护佑。不过，妈妈的饮食当然也会对母乳中特定的维生素及矿物质水平产生影响。

哺乳期妈妈在使用药物之前需要先和医生进行确认，因为一些药物会通过妈妈的血液进入乳汁中。

哺乳期妈妈需要摄入足够的水分——每天2～3升。在建议膳食营养供给量的基础上，她每天需要至少多摄入300千卡热量（这一目标可以在一天中的某个时段加餐来实现，其中包括一份水果、一份蔬菜、一片面包、一些肉类或其他高蛋白食物，例如奶酪、坚果或花生酱，以及两杯牛奶或其他乳制品。这些加餐也可以在全天时段中分次摄入，例如以点心的形式。切记：现在还不是节食的时候！）。但对一些母乳喂养的妈妈而言，额外的营养补充剂也是重要的。素食的母乳喂养妈妈需要补充铁和维生素B_{12}。同样地，如果母乳喂养妈妈无法保证规律、均衡的饮食，那么在哺乳期服用含铁的维生素补充剂将会起到良好效果。无论是否母乳喂养，女性在分娩后需要持续补充铁，以重建身体里的铁储备。

母乳喂养给妈妈带来的好处

1. 当婴儿吮吸乳汁时，妈妈体内产生的激素（催产素）会帮助子宫收缩，伴随宫缩会有轻微的疼痛，这样的情形只持续两三天，但这是一种信号，说明你的子宫正在回缩到正常尺寸。

2. 这种激素也会减少妈妈的产后出血。

3. 哺乳是天然的避孕药，是帮助形成生育间隔的天然方式。但要小心——因为这并不是100%有效的！即使还没有重新来月经，但你依旧有可能会排卵并再次怀孕。有太多母乳喂养的妈妈会在自己做好准备之前再一次怀孕。

4. 研究显示，母乳喂养甚至会减少日后乳腺癌的发病概率。

美国儿科学会推荐（2008年指南）所有婴儿每日摄入维生素D400国际单位，母乳喂养儿出生后尽早开始服用。配方奶喂养宝宝，在每天喝奶量少于1000毫升时，均需口服补充维生素D至推荐量。但有些婴儿会需要额外补充铁剂，可以和儿科医生讨论使用哪种营养补充剂。需要小心的是，宝宝只需要补充适量的营养素，过多的维生素D或铁对他们来说都是危险的！

奶瓶喂养

很多无法进行母乳喂养的女性会感到内疚，其实她们无需那么觉得。即使瓶喂，也有很多种别的方式去和孩子建立起亲密关系，这和她们期待通过母乳喂养所体验到的亲密类型是相同的。

有些妈妈会因为医学原因而无法母乳喂养。而有些母乳喂养道路上的障碍，例如乳头凹陷、泌乳不足、乳头感染等，通常可以在哺乳顾问的帮助下得以克服（可参见国际母乳会的相关信息）。有时候，妈妈必须服用一些会渗透到母乳中的药物（大部分药物都会这样），而这对婴儿来说可能是危险的。比如，感染艾滋病病毒的妈妈禁止进行母乳喂养，因为她们的乳汁会把病毒传给孩子。

尽管当母乳喂养的条件具备时我会偏向这一方式，但我也听过一些妈妈们在决定不采用母乳喂养，转而用配方奶喂养宝宝时所给出的理由。下面是其中一些理由以及我的回应。

1. 一些妈妈并不想受制于喂奶的时间表，她们更想使用奶瓶，这样爸爸和其他人都可以给孩子喂奶。妈妈们会担心，如果采取了母乳喂养的方式，那么周围人就不会再在喂奶这件事情上给予帮助。这一点并非全然正确，因为许多母乳喂养的婴儿也会从奶瓶喝奶，如果他们很早就有机会使用奶瓶的话（通常是在3周大之前）。一天中宝宝有一次从奶瓶中喝奶并不会干扰妈妈的泌乳。当妈妈在母乳喂养时，我会建议新手爸爸或祖母从宝宝3周左右大时就开始一天喂一次奶瓶（特别是在半夜的时候！），但前提是妈妈的乳汁已经充足了。更早开始使用奶瓶，或者喝太多配方奶，都可能阻碍妈妈分泌足够多的乳汁。但如果这个过程开始得太晚，也可能会导致宝宝不愿意用奶瓶。

2. 一些妈妈可能本身对母乳喂养感觉不自在。对一些妈妈来说，母乳喂养可能无法匹配她们对自己身体的态度。也许她们其中一些人是喝奶粉长大的，另一些人则会感觉母乳喂养太具有侵入性。许多女性感觉喂奶会暴露隐私，令人尴尬。这些理由都是需要被尊重的。有时候，当周围人能支持这些理由而不是纠缠不休时，有这些顾虑的妈妈们可能会重新思考自己的决定。

3. 在首次分娩之后，下奶的时间通常在2～3天，还有大约25%的妈妈下奶时间会晚于3天。在此期间，如果乳头凹陷或者扁平，那么婴儿会很难进行吮吸。但是新手妈妈可以寻求外界支援，例如向哺乳顾问求助。哺乳顾问会帮助新手妈妈尽可能使婴儿接受妈妈的乳头。在那个阶段，对乳头的频繁刺激可以促使更多的母乳分泌。

4. 使用奶瓶可以更清楚地知道宝宝喝了多少奶，这将给焦虑的新手父母带来一些安慰。但如果母乳喂养的宝宝每天尿湿的尿布超过6片，那就说明他的奶量是够的。如果在儿保检查中，医生每次给宝宝称重和测量时他都生长得不错，那么你就可以确定他喝了足够多的奶。

5. 那些必须回归职场的妈妈们会担心自己在工作场所每3～4小时要挤一次奶，而且需要妥善保存母乳并带回家，以保证宝宝有足够的母乳供给。她们也可能担心漏奶所带来的不便，尤其当她们如此努力想要平衡工作与母性时。不过，有越来越多的企业开始为新妈妈们提供私密区域，挤奶和储奶对许多妈妈来说已经变成得心应手的事情了。

6. 许多职场妈妈曾向我吐露心声，她们在孕期已经开始黯然神伤于自己将要把孩子留给他人照管的现实。她们担心母乳喂养会使得自己和孩子过于亲近，宝宝会过于依赖她们。当真的需要把宝宝留给他人照看时，她们害怕这种悲伤的感受会更令人感到折磨。我试图让她们看到，这份亲密会让宝宝有一个良好的人生开端，每天回到家后的母乳喂养时间是一段特别的、再次感受亲密的时光。当然，在社会层面上，我们必须做更多事情来为想要母乳喂养的妈妈提供支持，比如幼托、带薪产假、企业福利支持等形式。

7. 尽管科技发展到今天还未能生产出足以与母乳相媲美的配方奶，但一些妈妈会把母乳喂养视作倒退与守旧。令人感到悲哀的是，这些观念伴随着配方奶的市场推广似乎也主宰了世界的另一些地区，在那里的女性也许并不总是能负担起配方奶的开销，而有限的医疗条件也使得母乳中保护婴儿免受感染的成分显得更加重要。在这样的市场推广裹挟之下，关于母乳喂养的教育也必须同时开展，美国儿科学会和国际母乳会都为此做出了卓越的贡献。

喂养最重要的部分——情感连结

无论是母乳喂养还是配方奶喂养，每次喂奶时的情感连结是最重要的部分。尽管每个新妈妈都会需要等几天时间下奶，并且做出各种努力帮助婴儿“学习”如何吃奶，当这个过程最终取得成功的时候，对妈妈而言是种巨大的满足。当使用配方奶喂养婴儿时，同样的亲密与连结也必然会发生。

在孩子出生之前，选择一张舒适的摇椅。孩子出生后，你可以抱着宝宝坐在那里，让他吮吸乳汁。很快你就会对他哼唱或安静地对他说话。母乳喂养或配方奶喂养对婴儿和母亲来说都是一次预备好的亲密契机。婴儿刚开始吃奶时，节奏是吸–吸–吸。几分钟之后，当他没有那么饿了，吃奶的节奏就变成了吸–吸–吸–停、吸–吸–吸–停。这样的节奏会在每分钟或更长的周期中重复出现。肯尼恩·凯（Kenneth Kaye）博士和我注意到，当婴儿在吃奶停顿的时候，父母会轻轻摇动或唤醒他。妈妈可能会低头说："继续呀。"如果婴儿抬头看着她，她可能会说："小可爱，继续喝奶，你真棒！"

当我们询问母亲为何会轻摇宝宝或对宝宝说话时，她可能会说："我想让他不断吃奶，当他暂停的时候，我会担心他不再吃了。"对此我们进行了计时比对，一边是妈妈刺激孩子再次开始吮吸母乳，另一边则是让宝宝在暂停之后再次自主开始吃奶。让我们感到惊讶的是，当妈妈让宝宝自己决定何时再次开始吮吸母乳时，间隔时间要短于妈妈努力刺激宝宝继续吃奶的情形。

我们因此得出结论，当妈妈以这样的方式和宝宝进行互动时，宝宝实际上会放缓吮吸节奏，延长暂停时间，这样他们就能吸收和回应妈妈与他们进行的沟通。这是多么重要的促进亲密和回应的途径啊！母乳喂养、婴儿的吮吸模式、母亲的回应，这些似乎都是促进妈妈和宝宝彼此了解的天然途径。喂养是用来进行沟通和学习彼此节奏的时间。这种吸－吸－吸－停的模式也会在配方奶喂养的过程中发生，让彼此都有机会经历这种带来满足感的互动。

父亲的角色

在这些和喂养有关的讨论中，爸爸很有可能会感觉自己是多余的，但爸爸的角色至关重要。妻子对宝宝的重要程度是压倒性的，这使得新手爸爸们既感到解脱又感到忧伤。面对这种新的不平衡，许多爸爸会以回避责任的形式来做出反应；另一些则会更加保护妻子，以确保孕期顺顺利利、孩子健健康康。

每位父亲都需要被告知，他可以帮助、支持新手妈妈成功喂奶。当哺乳顾问辅导妈妈帮助新生婴儿成功吮吸时，可以要求爸爸在场。同时，如果一位母亲决定要母乳喂养，我会鼓励父亲从婴儿3周大时每天用奶瓶给孩子最多喂一次奶。

新生儿

初尝母乳，学会吮吸

当你把新生儿搂到乳房边上，他可能会醒来睁开眼。一开始他可能会眯眼看着你。过去由于子宫壁的阻隔，对他来说光线一直是朦朦胧胧的，如今这种全新的、明亮的光线会让他不知所措。当他感受到你的身体贴着他，他就能安静下来。他的手会抓着你的手指，也可能会把你的手指抓起来放进他的嘴里，可让他吮吸一下（确保你的手指干净，并且在伸进他嘴里时指甲朝着下方）。他在试图学习如何吮吸，而这需要练习。当你把手指伸进宝宝嘴里，你会感受到如下三部分：

· 他的舌尖会轻柔地把你的手指抵向口腔中的“天花板”；
· 他舌头的后端轻柔而富有节奏地舔着手指；
· 当他想要从你的手指获取营养时，他的喉咙和食管会用力吸。

如果仔细感受这个过程，你会觉察到这三个部分会以互相独立的形式开始出现。然后当宝宝对这些动作富有更多“经验”了，就开始将它们整合到一起。一次有效的吮吸是当这三个部分能整合到一起的时候。想想看，你可以用手指来帮助宝宝“学习”如何把吮吸的三大要素整合到一起，而他正在为母乳喂养或奶瓶喂养做好准备。

觅食反应与母婴互动

在前几个月，喂奶时的姿势对于成功哺乳非常重要（之后，若有必要的话，宝宝会自己调整姿势）。首先，确保你自己尽量舒适。然后，在你怀里以30° 的姿势撑起他的上半身，轻轻把他左右摇晃一下，以轻柔地将他唤醒，以使他清醒积极地参与进这个过程当中。不管怎么说，他刚刚经历了紧张激烈的阶段——被宫缩所挤压，拼命扭出产道。即使他是以剖宫产的形式出生的，他一开始也可能经历了足够长的分娩过程。不管是哪种状况，他现在都必须要开始适应全新的宫外环境——过亮且过吵。

如果他能够做到的话，他就有可能准备好了尝试吮吸你的乳房。

也许你需要一个额外的枕头来支撑着宝宝，把他拥在你的臂弯里，然后把他的一条手臂夹在你的手臂下。你可以用手轻微挤出部分乳汁，以保持乳头突出。轻抚他靠近你乳房侧的脸颊和嘴巴周围。这些动作会激活他的觅食反射。但不要同时轻触他两侧的脸颊，因为这只会令他感到困惑。当他扭头寻找乳房时，你要准备把乳头送至他嘴边。切记，你千万不要过度活跃，不然这会令宝宝不知所措。轻柔、尊重的方式是最好的。

试着在一个安静的地方给他喂奶。当他转向乳房并张开嘴时，把排出少量乳汁的乳头和乳房放进他张开的嘴里。如果你可以使乳头触碰到他的喉咙后部和舌根，那么吮吸反应就会在最佳状态。要确保他在吮吸时依旧能够呼吸，你可以用手指按压乳房，这样宝宝就可以用他小小的鼻孔自如呼吸了。轻柔晃动和微微逗弄他一下，以使他保持清醒状态。一旦他开始吮吸，他就会品尝到你的初乳，这会刺激他不断吮吸。

如果你是第一次生宝宝，那么宝宝出生后的4～5天内并不会全面下奶。但在此期间，宝宝喝到的浓稠液体，也就是富含抗体及蛋白质的初乳，是极其珍贵的。如同之前所提到的，初乳能保护宝宝免受许多感染的侵袭。

乳房较小的母亲经常认为她们会奶水不够（特别是在美

国，奶水质量与数量的概念经常会被混淆），但其实她们是能够产足够的乳汁的。乳房是一个神奇的器官，它会根据需求来做出回应。当婴儿想要更多奶时，乳房就会更充盈以满足他的需要。太神奇了！

乳房和乳头的护理

当乳房胀大分泌乳汁时，产后激素开始变得活跃起来，乳房肿胀或充盈时的疼痛也随之出现。如果乳房肿胀疼痛，可以在喂奶前用温热毛巾轻敷，而在喂奶间隙冷敷。这时可让宝宝吃奶，当他开始吮吸，涨奶就会缓解。几天之后，你的乳房会进行调节以适应宝宝的需要。如果你有非常严重的疼痛或高热症状，需要立即联系医生。

在哺乳初期乳头疼痛与皲裂是一个问题。其实可以在孕晚期的时候就用含羊毛脂的乳霜按摩乳头，为哺乳做好准备。一旦开始哺乳，你可以在每次喂奶后挤出一些乳汁涂在乳头上并使其风干，通过这样的方式可以保护乳头。有时候，当宝宝无法含入整个乳头以及乳晕时，乳头疼痛就可能会发生。这时可让他先吮吸你的手指，然后他就会更轻柔地含住你的乳头并进行有效吮吸。

如果你的乳头出现皲裂，需要尽快联络医生。他们会给你一些乳霜来保护皲裂部位并使之愈合。可能在一两天的时间里你需要避免用皲裂的那侧乳房喂奶，尽管你也许还需要将患侧乳房的乳汁挤出以避免胀痛。如果乳房有任何疼痛、发红，需要立刻去看医生。发红、肿胀、疼痛和摸上去发热的皮肤都有可能是感染的信号。乳腺炎和脓肿需要尽早发现尽早治疗——越快越好。

他需要多久喂一次

一开始，你可以限制宝宝在每侧乳房上吮吸的时间，这样乳头组织可以进行调节并变得更加强健。当他在每侧乳房吮吸了几分钟之后，温柔地让他停止吮吸，离开乳房。他会在这头几分钟里喝下大部分的奶。记住不要强硬地把乳房从他口中拉出，那样可能会伤到你的乳头。你可以把一根手指放进他的嘴角，使一些空气进去，这样就可以在让他停止吮吸之前先释放掉吸力。

一开始，给孩子频繁喂奶至关重要，甚至一天可以喂

12 ～ 14次，不过每次时间会比较短，以使得你的乳头逐渐强壮起来。每次喂奶时要使用双侧乳房，这也会刺激泌乳量。轻柔挤出每次喂奶后乳房中剩余的乳汁。当乳房不再喷奶时可以停止挤奶。排空乳房可以帮助它们分泌更多乳汁，这样你就可以为下一次喂奶做好准备，宝宝那个时候可能胃口会更大。当然了，宝宝的胃口变化可能不会像你泌乳那般有规律。

当你开始下奶后，逐步将喂奶时间增加到每侧5分钟，然后是10分钟，并在接下来的几周逐渐增加到每侧20分钟。还有乳头在哺乳后要晾干或擦干，并且要在内衣中使用柔软的乳垫。

他需要喝多少奶

在24小时的时间内，宝宝所需的奶量为170 ～ 200毫升/千克体重。一开始，新生儿每次可能只会喝奶60 ～ 90毫升。在新生儿阶段，母乳喂养的宝宝每2 ～ 3小时会喝一次奶，或者一天喝8 ～ 12次奶。尽管你会想让宝宝在每侧乳房喝10 ～ 15分钟的奶，但其实他在开始的5 ～ 7分钟已经喝下大部分的奶了。但更长的喂奶时间可以刺激你的乳房分泌更多乳汁，并且满足宝宝的吮吸欲。

对于1周以内的新生儿，如果睡眠超过4个小时没有醒来，那么就要把他叫醒喝奶。如果你的宝宝看起来总是昏昏欲睡而无法自己醒来喝奶，那么需要和医生交流这个情况。在3～4周内，当奶量供给开始变得稳定，宝宝喝奶的次数就会开始减少，但每顿奶的奶量会达到120毫升左右。

他何时需要吃奶

在出生后最初的几周你会按需喂养宝宝。当然他需要这样，并且如果你采取母乳喂养的方式，按需喂养也可以帮助你构建起母乳供给。但最终，你会在觉得自己足够胜任时希望促使宝宝形成规律的喝奶时间表。如果当宝宝开始扭动或呜咽时，你已经不像一开始那样会快速跳起来冲向他，其实这就是个你已经准备好的信号。父母和家庭需要时间表，宝宝假以时日就会学习适应那样的时间表。

当一个小宝宝饿了，他当然需要喝奶。我从来不建议在婴儿感觉饥饿的时候任由他“大哭一场”。但当你和宝宝开始了解彼此，你会有底气让宝宝体验一些烦躁情绪，而不是自己立马冲过去，这样他就会对自己的身体感知有所意识。如果你来到他身边，那么需要等待和观察一下他是否会蜷起来，找到自己的拇指或其他手指吮吸。如果他用这样的方式使自己安静下来了，那么你就可以分辨出饥饿和烦躁之间的不同，而宝宝也有机会操练他的自我安抚能力——这种技能将伴随他的一生。

如果你抱着他，他会闻到你的奶香（出生三五天之后，他就能把你的气味和其他女性的气味区分开），并且除了喂奶，他不会让你有机会以别的方式使他安静下来，即使他也许并不是因为饥饿而吵闹。可以让家里其他人和他玩玩，看看他会不会安静下来。

如何知道宝宝真的饿了

1. 在出生后的头几周，宝宝大部分的哭泣都仿佛是在表达他的饥饿。如果换过了尿布，即使轻摇和哼唱也无法安抚他，也没有那种尖利的哭声（因为疼痛而发生的哭声），那么宝宝基本上就是准备好要喝奶了。

2. 如果宝宝已经有1小时或更长的时间没有喝奶了，那么也许是时候给他再次喂奶了。几周之后，他每顿奶都能喝更多，可以延长两顿奶之间的间隔时间。

3. 当宝宝准备好要喝奶时，他通常会抬起头摆动，张大嘴，甚至吧咂嘴唇，并且会吸吮任何一样出现在他眼前的东西。

母婴情感连结的建立

当你战胜了这些早期的挑战，你和你的宝宝就会更深刻地了解彼此。你们都会寻找到适合对方的节奏，并且体验难以用言语描述的亲密。宝宝的吮吸甚至会刺激你体内一些激素的分泌，让你拥有前所未有的良好感觉。这个过程仿佛说明母乳喂养及其对你体内激素的影响正是为了帮助你从产后的疲劳中恢复过来，并且和新生儿建立起情感连结。

当婴儿开始吮吸，你会体验到下奶反射，也就是感觉乳汁“来到了”你的乳房里。另一侧乳房也有可能同时开始漏奶，特别是在一开始的时候。这时，可以用毛巾或棉垫去吸走那些漏奶。甚至当你听见宝宝哭时，都有可能会下奶。通常，需求决定了你的泌乳。如果你因为喂奶太多而感到耗竭或抑郁时，可以向医生进行咨询。医生会给宝宝称重以评估喂奶量对他而言是否足够，然后会就何时及以何种频率喂奶给出建议。

在最初几周的初期调整之后，母乳喂养会开始成为令人满足的过程。你会开始体验“终于做到了！”这个重大成就所带来的满足感，除此之外，了解眼前的宝宝也会给你带来天然的喜悦。每次喂奶都成为了沟通的契机，并且能够再次一同坠入爱河。你为他、他的大脑、他的身体功能提供了如此美妙的开端，并感觉所有为之付出的艰辛都是值得的！

奶瓶喂养之初体验

尽管配方奶喂养的婴儿会错过初乳和母乳中的抗体，但如今配方奶的设计也尽可能去满足婴儿的营养需求。可以和医生讨论来选择适合自家宝宝的配方奶。

冲调配方奶时，要确保奶粉与水的配比用量严格遵循包装上的说明，以保证宝宝每次喝奶时可以在获取的营养与水分之间保持平衡。有些妈妈用的水比说明中建议的要少，她们希望通过这样的方式让婴儿获取更多的营养，使其成长更快。千万不要这么做。因为婴儿还未成熟的肾脏无法耐受过多的蛋白质与盐分，他们需要水分来稀释盐分和分解蛋白质产物，并且形成尿液将废物排出体外。如果冲调奶粉的水分过多，宝宝就会很快喝饱并停止喝奶，其实他并没有获取足够的蛋白质。

牛奶过敏

如果一个婴儿哭泣次数多，每次喂奶后都会吐出很多奶，那么就需要接受儿科医生的检查。他甚至可能会对牛奶中的蛋白过敏。这种过敏会导致胃痛、烦躁、呕吐和腹泻。到了4～6个月大时，他可能会发生扁平、脱皮的红疹，也就是湿疹，这也是宝宝对牛奶蛋白过敏的一种表现。一旦你意识到这点，就可以和医生讨论如何暂停使用牛奶配方奶粉，转而使用其他替代品进行喂养（在4～6周大时，所有的婴儿都有类似于痤疮样的红疹，这并不是过敏反应，但可能会与过敏性红疹混淆。这种现象只是预示着毛孔开始发挥作用了，并不需要进行任何处理）（参见第三章的“牛奶过敏”）。

一般配方奶说明书上会写明开封后可以保存多久，以及冲调后可以保存多久。配方奶粉开封后如果以合适的方式加盖储存，则可以在1个月的时间内保持新鲜。液态配方奶也应在开封后加盖放置，但必须放在冰箱冷藏，并且在48小时后丢弃还没喝完的部分。即使放在冰箱里，冲调好的奶粉也不能保存超过24小时。所以，一定要阅读配方奶包装上的保质期说明。

用什么水冲调

如果你无法信赖自己所在地区的水源质量，你可以买纯净水冲调婴儿奶粉。你也可以将自来水煮沸5分钟后使用，只要它本身是可以被安全饮用的——如果里面不含铅或其他污染物。在冲奶粉之前确保沸水已经放凉了，以防配方奶中的蛋白质被高温破坏。如果能用热水和奶瓶清洁剂清洗奶瓶并用奶瓶刷进行擦洗，那么就不需要对奶瓶进行额外的消毒，也不需要对乳头进行消毒，清洗干净就可以。

当心铅污染

铅会破坏孩子的大脑及神经系统发育。如果水源中含有铅，也许你可以购买无铅的纯净水。记住把水煮沸无法去除其中的铅。同时，不要在含铅的器皿中煮沸冲调奶粉的水。

给宝宝热奶

可以把奶瓶放在平底锅里隔水热几分钟。开始喂奶前，可先从奶瓶中挤几滴奶到手腕内侧，以确保奶是温热的，但并不烫。

煮沸或用微波炉加热配方奶或者母乳都会破坏其中的一些蛋白质和维生素。

喂奶的姿势

奶瓶喂养可能喂起来更容易一些，因为哪怕是一个半睡半醒的孩子都有可能会开始吮吸奶瓶上的奶嘴。但在你开始配方奶喂养之前，尽量把宝宝弄醒，并通过轻摇和吟唱让宝宝保持清醒。

前面介绍过了，当新生儿刚开始学习喝奶的时候，仔细调整喂奶姿势可以使这个过程大为不同。即使你的宝宝急切大叫着寻找食物，也要耐心地把喂奶姿势调整好。坐在一张舒适的椅子里，最好是一把摇椅。把宝宝上身扶起至30°，和他交谈，让他知道你就在那里。当宝宝非常清醒时，甚至有可能当他自己也感知到饥饿了，你就可以开始给他喂奶了。抱着他，和他一起享受共处的时光！永远不要把一个撑起来的奶瓶单独留给宝宝去喝，这样的过程不仅冷冰冰的没有人情味，并且如果宝宝在喝奶时呛噎，你不在旁边的话就没法救助他了。

拍嗝与打嗝

当宝宝停止喝奶时，无论是母乳喂养还是瓶喂，他的脸都会涨红，身体开始蠕动起来。也许是时候给他拍嗝了。刚开始喂奶的阶段，你需要让他更频繁地趴在你的肩膀上拍嗝。等过段时间，喂奶过程中让他趴在你肩膀上一两次应该就够了。

当宝宝狼吞虎咽喝奶时，他同时也吞下了部分空气。如果宝宝吃奶很急，那么就需要更频繁的拍嗝。这时让他趴在你的肩膀上，轻拍或轻抚他的后背，此时此刻他会望向四周，鼻子紧挨着你的肩膀，身体微微蜷曲以使你知道他还需要拍嗝，他会把头搁在你的脖颈处。突然他挺身打了个嗝——终于出来了。

没有比拍出一个大大的嗝更让人满足的了，给宝宝喂奶意味着有机会给他拍嗝，光这一点就非常值得了。如果让他趴在你的肩膀上并不奏效，那么让他安静地趴在你的膝盖上，然后把头扭向一边。不用对此过程过于狂热，有些婴儿并不会有嗝，特别是当他们喝奶时很安静且并没有狼吞虎咽的情况下。母乳喂养的宝宝通常进食效率很高，有可能喝完奶后只会打一个嗝“奖励”你。

记住微量的吐奶是正常的。如果喝下去的许多奶都吐出来了，那么可能是宝宝胃部顶端的括约肌功能还比较弱（参见第三章的“吐奶”“呕吐”）。

他喝奶量足够吗

新生儿体重在出生后的头几天会减小，一方面他是在等待妈妈下奶，另一方面也在调整自己在这个全新世界中的需求。直到出生后的第8～10天，他也可能不会恢复到出生时的体重。之后，他每天大约会增重30克。在第一个月结束时，他大约会比出生时至少重500克。只要宝宝每次饿的时候你都会给他喂奶，那么就不用担心他到底喝了多少奶。如果每次喂完奶宝宝都有小便，嘴唇看起来并不干裂，眼窝并不凹陷，那么就说明宝宝喝了足够多的奶。但如果宝宝小便次数明显变少，或者这些症状（嘴唇发干、眼窝凹陷）出现，那么就需要立即找医生对他进行评估检查。

如何知道宝宝奶喝够了？

1. 如果是奶瓶喂养的宝宝，你就可以知道他每顿奶喝了多少。你的宝宝一天至少会醒来6次喝奶，如果少于这个次数，则你需要叫醒他。

2. 如果是母乳喂养的宝宝，那么你就需要观察其他信号。最直观的信号是，宝宝能够很快吸空一侧乳房，甚至能吸空另一侧。

3. 如果宝宝喝完奶之后看起来平静而满足，那么通常就是吃够了。

4. 如果宝宝频繁弄湿或弄脏尿布（一天至少打湿6片尿布；如果是配方奶喂养的宝宝，至少会有一点软烂泛黄的粪便），那么通常意味着他喝奶喝得不错。母乳喂养的宝宝可能会每隔一两天大便一次，有时候间隔时间可能更长，特别是在出生的头几周之后。

5. 儿科医生会通过测量宝宝的重量、长度和头围来监测宝宝的生长情况。尽管你的宝宝可能在第一周会掉一些体重，但在未来可以迎头赶上。

他开始学习信任

在最初的几周过去后，对你而言照顾宝宝会变得越来越容易，也可以说你更了解他了。你会分辨他不同的哭声，比如当他想要喝奶时的哭声、当他需要你前去帮助他的哭声，以及那些他可以首先试着让自己平静下来的哭声。

父母双方都可能会饶有兴致地在喂奶前和他讲话——当妈妈准备好自己的乳房给他喂奶，或者当爸爸准备一瓶冲调好的配方奶时，这都有可能是美妙的沟通时光："等一等，你可以做到的，在你的奶准备好之前你可以再等1分钟的，看看你，你做到了呢！我们如果这样讲话的话，你就能等待一会儿！"

父母们会观察到婴儿能识别妈妈的声音（出生后4天）、妈妈的味道（出生后7天）、妈妈的脸（出生后10天），以及爸爸的脸和声音（出生后14天）。每一天，宝宝都可以在喂奶前再多等待一会儿，因为你的脸和声音越来越吸引他。他在学习着信任你，在学习了解当你对他说话或抱着他时，他可以确认你最终会给他喂奶的。

要安抚，不要奶

婴儿们似乎比我们更清楚他们何时需要喝奶以及需要喝多少奶，跟随他们的需求喂奶通常是安全的。如果每次宝宝一哭你就把他抱起来喂奶，这会宠坏他吗？不会的，但可以试着先和他说说话，他可能是想要找人玩耍或觉得有点无聊了。在忙着给他喂奶之前，先看看他烦躁的原因是什么。例如，在第3～12周时，一天快要结束的时候宝宝都会有1～3个小时的烦躁期，和饥饿并没有关系。

父母对于烦躁婴儿的天然反应就是给他喂奶。在出生后的头几周，当婴儿飞速成长，需要经常喂食时，父母需要做的就是给他喂奶。大部分婴儿会在喝完奶后安静下来，而父母也会为此感到自豪。喂奶很快成了回应宝宝不安情绪的方式。新手父母可能会想："我到底多久喂他一次而不会过量呢？"在刚出生的时候，可能每1～2个小时就要喂一次，或者在1周或更久的时间里，每天从早到晚至少喂12次。等宝宝4～6周大时，他喝奶的频率会降低，两次喝奶之间的间隔会延长。

在这个阶段，宝宝可以喝下的母乳或配方奶数量会缓慢增长，这样他就可以接受更长时间的喂奶间隔。此刻，可以观察宝宝如何在有压力而非饥饿的情况下让自己平静下来。

在12周大时，他学着转向自己的拇指或安抚奶嘴，或拍击婴儿床围栏上的玩具；到了16周大，则会碰触一个触手可及的玩具。这些全新的自娱自乐的方式与喂奶频率的降低相互平衡。假以时日，婴儿会更了解自己什么时候是饥饿的，并且明确表达何时需要喂奶，然后喂养就会更加精准地匹配他自身的饥饿感。在他学习的过程中，他和父母就开始意识到，何时吃奶及吃多少奶都成了孩子可以做主的事情。

3周

到了宝宝3周大时，喂奶会变得更可预测和令人享受。母亲与孩子双方都已经明白什么是母乳喂养，但通常父母们也已经疲惫不堪了。每天晚上为了喂奶而起床已经开始让父母们越来越疲劳，而且意识到为人父母是种永无止境的责任。伴随着强烈的疲劳感，以及几乎看不到婴儿有任何睡整觉的迹象，“永无止境”的感觉的确是漫长的。更具有挑战性的是，“黄昏哭闹”会让父母感觉非常沮丧。不过令人感到宽慰的是，如果父母们意识到他们已经学会了不少养娃技巧、建立起了不少的喂养流程，他们会感觉好一些。

准备好让爸爸参与喂奶了

到了3周大时，妈妈的奶量供给基本上已经平衡了。此时开始让宝宝喝奶瓶不会出现干扰母乳喂养的状况。现在爸爸也可以给宝宝喂奶了，例如可以从夜间喂一顿奶开始，这样能让妈妈睡得微久一点。这是一段父亲和新生儿独处的时光，这让他们能够更加亲密地了解彼此。当爸爸抱着宝宝，看着他的眼睛，感受宝宝吮吸时有节奏的律动，并放松入睡时，这会让他意识到这个过程有多么甜蜜。当妈妈做喂奶前的准备时，爸爸也可以帮忙把哭泣的宝宝从摇篮里抱起，做好吃奶的准备。

尽管爸爸是在帮忙，但妈妈也总是会体验到嫉妒。妈妈也许并不会意识到自己充满竞争的感受，但发现自己会说："你抱宝宝的方式不对，他喜欢被这样子抱着。""宝宝每吃完30毫升奶就会需要被拍嗝，你一下子给他喝太多了。"我将这种现象称为"看门人情结"（gatekeeping）。在共同照顾一个宝宝时，这样的反应会很自然地一次次出现，同时这也是一种意料之中的反应。

每一位关爱眼前这个宝宝的人都会有这种竞争的冲动。现在，是时候让父母双方各自尝试一下，然后寻找到适合自己的方式。当父母一方（通常是妈妈）经历完让自己焦虑的学习阶段之后，很容易就会觉得自己处在绝对正确的位置上。但每个父母都需要自己进行尝试并且从错误中学习。和彼此讨论自己的感受是有帮助的。有时候当事情哪怕出现了一点点的偏差，所有人都会变得不安。而去指责他人有时候会让自己心里轻松一点：“如果你按照我的方式来，这样的事情就不会发生。”但要记住，每个人也都是脆弱的。被指责的父母一方或者亲戚，甚至可能不再继续帮助你，或者不再亲近了解你的孩子。但是，当父母可以彼此支持，宝宝就会从与父亲和母亲特别的关系中获益。

婴儿体检

宝宝的医生或护士会在他出生后两三周的时候给他做体检，评估喂养和发育情况，检查有没有脱水、黄疸，或因为孕期所服用的任何药物而出现不良反应。与此同时，相关专业人士也会排查妈妈是否患有产后抑郁症。

逐步形成稳定的喂奶和睡眠循环

当婴儿开始建立起自己清醒和睡眠状态的节律时，他的作息就会变得更规律。我推荐在最初的几周按需喂养（当宝宝饥饿的时候就给他喂奶），这样你可以开始了解他，他也可以来了解你。当你开始拉长喂奶间隔到3个小时，这已经是在让他学习如何等到自己感觉饥饿的时候再喝奶。这个节律会帮助他进一步形成更成熟的喂奶和睡眠循环。他正在做好准备形成规律作息，并使之与其他家庭成员的作息相匹配。这会让所有人的日子都好过一点。

安抚不了的“黄昏哭闹”

在最初的几周过去后，当生活开始逐步恢复平静，在3周左右开始出现的婴儿焦躁对新手父母而言又是新一轮挑战。在3周大时，宝宝很可能会在一天将要结束的时候有规律地出现焦躁，要求抱着、搂着、轻摇、喂奶，这些需求近乎“过分”。他可能每天要闹腾1～3个小时，且无法被安抚。父母们通常会尝试所有可能的方法来安抚他：把录音机或电视机的声音调大，几乎一刻不停地抱着他或者给他喂奶。当父母做出这些尝试时，宝宝甚至有可能会停下来，退回到浅睡眠状态以屏蔽所有混乱的体验。但一旦这些外界干扰消失，他就又可能开始闹腾了。事实上，这些绝望的、徒劳的尝试有可能反而使婴儿焦躁阶段持续更久。

这种现象被称为“肠绞痛”或“百日哭”。我认为这种焦躁是婴儿对过度刺激所做出的回应，仿佛是在漫长的一天过去之时，宝宝需要释放掉许多压力。在这个焦躁期过去之后，你也许会发现宝宝在下一个24小时的周期中睡眠和进食状况都变得更好。换句话说，这种焦躁也许是有意义的——在每个超负荷的一天结束之际释放掉压力。到了3个月大时，当宝宝开始学习做其他一些事情如微笑、咯咯笑、观察周围世界，他就有可能会结束这个焦躁阶段，取而代之的是清醒的时光。

那么对于这种焦躁，父母怎么做呢？尝试任何可能安抚到他的方式。全面查看一下，确保他没有生病，也没有什么状况令他疼痛（因为疼痛而起的哭声通常是一种尖利的、更急切的哭声）。如果他一切正常但你做什么都没用，那么就要放过你自己。让宝宝每次能有10～15分钟的时间来自己尝试着平静下来，然后把他抱起来安抚一下。如果宝宝看起来很绝望，你甚至可能会更频繁地给他喂奶，但很快你会意识到他并不是饿了。把他放下几次看看能不能平静下来。当这些时刻结束后，搂抱一下宝宝，让他知道你对于他恢复平静有多么高兴，以及你多么希望能够更多地帮助他。

可能出现频繁吐奶

这个阶段，喂奶后的吐奶现象也有可能会变得更糟糕。如果把宝宝的上身抬起30° 、拍嗝和轻柔地抚触都没有用，那么就需要去见儿科医生。医生会检查宝宝是否有脱水现象，并且检查他的体重是否良好。相比牛奶，母乳并不那么容易出现反流现象。但是，如果你的宝宝不仅仅是吐奶，而是剧烈呕吐，胃里的东西仿佛从嘴里喷射出来，那么就需要立刻去见医生并进行检查。这种呕吐背后可能有许多不同的原因，其中大部分都可以迅速得到治疗，但需要尽快治疗。其中有一种并不常见的原因，那就是幽门狭窄（参见第三章“呕吐”）。

排便时间间隔变长

过了3周宝宝排便已经发生了一些变化：从最初那种黑色黏腻的胎便，转变成了发软发绿的粪便，最终转变成了巧克力色的粪便。母乳喂养宝宝的粪便闻起来并没有那么臭，但奶粉喂养的宝宝粪便则异味很大。如果宝宝喝奶和发育情况都良好，那么就不用担心他排便频繁。在喝配方奶的前提下，一天至少会大便一次，有时候甚至多达五六次。在喝母乳3周之后，婴儿可能会降低排便频率，可能隔好几天才排便一次，甚至每周只有一次排便。可能这种等待一开始会令你感到担心，但当宝宝排出大便时，你会发现那些粪便形态一如既往的浓稠。

2个月

会咯咯笑，学会了对吃奶的期待

仿佛是为了平衡一天结束时越发加剧的焦躁情绪，宝宝也学会了许多新方式来赢得父母的喜爱。到了2个月大时，婴儿学会了微笑和咯咯声，这是一种巨大的资本，很少有父母或照料者能抵御这些。当微笑浮现脸庞，宝宝会扭动自己的整个身体。他的腿会弯曲，双手轻轻在头部上方摆动，他的整张脸都明亮起来，前额皱起，脸颊上扬，整个人都更加富有神采，最后，他微笑了！伴随这个微笑的还有咯咯声，然后仿佛在说“咕咕”。在这个时刻，父母会陷入狂喜之中，会以各种好玩的方式去进行回应，在他的肚子上吹气，轻挠他的脸颊，他们会尝试任何可能会再让他微笑或发出咯咯声的方式。

另一些新技能可能会在不知不觉中进行着。例如，当奶粉冲调好了，宝宝可能会安静下来，聆听接下来会发生什么。当乳头出现在眼前，宝宝的脸会变得更加严肃。他的四肢会完全不动，也有可能会变得更活跃。他会满怀期待地张开嘴。母乳喂养的宝宝可能会开始出现嘴角反射，脸和嘴巴会朝向妈妈身体所在的方位。当妈妈在附近的时候，宝宝可能已经会开始拒绝使用奶瓶，或任何替代妈妈气味或乳房的东西。

他已经知道自己的奶是从哪里而来，并且会为此做好准备。他的身体会弯向妈妈，手臂和手掌会向上伸，试图握住妈妈的乳房。当乳房裸露出来时，宝宝的嘴巴就会张开。他所展示的正是自己的储存记忆——那些至今他已经历过多次的喂奶。他的记忆帮助他形成了“期待”——这是记忆存储和大脑健康发展的早期证据。

会区别对待妈妈、爸爸和陌生人

此刻还出现了一个更激动人心的现象：宝宝可以区分妈妈、爸爸和其他人。在面对这些不同的成年人时，他的手指、脚趾、嘴巴和腿——他的整个身体都会呈现出不同的状态。他已经了解到了对这些人进行区分会有怎样的期待，这一认识是基于重复的体验而产生的。例如，每当妈妈出现在视线中，他知道妈妈会有何种表现。

在我们的录像实验中，我们把一个2个月大的宝宝放在一张婴儿躺椅上。当妈妈被要求“进来和他玩耍”时，妈妈总是会做相同的事情。她会安静地坐在婴儿躺椅面前，用自己的声音、表情和手围绕在宝宝周围。妈妈的手会轻柔地拥住宝宝的臀部，抓住宝宝的双腿，避免使其抖动。她会温柔地对宝宝发出咕咕声，宝宝也会以咕咕声回应，妈妈会开心地笑起来。她会再次发出咕咕声，挠挠宝宝的臀部来让他继续参与其中。这个过程会持续三四次，直到宝宝感到疲倦为止。

与此同时，2个月大宝宝的手臂、手指、脚趾都向外伸展，然后慢慢缩回来，轻柔地转向妈妈，然后再转回来。他的面部表情会变得柔和，然后明亮起来。这些流畅循环的动作都指向他的妈妈，然后也会从妈妈那里撤回这些动作。这些可预测的行为仿佛是在对妈妈说：“我知道你并且知道可以从你这里得到什么！”

因为爸爸的行为和妈妈截然不同，当爸爸出现在视线中，或者在房间另一头呼唤爸爸名字的时候，我们可以看到宝宝身体运动的各个部分都变得有所不同。当他进来和婴儿躺椅上的宝宝玩耍时，宝宝身上的一切仿佛都飞扬了起来。宝宝的眼睛、眉毛、脸颊、嘴巴、手掌、手指、脚趾、双腿——这些部位都以一种急切的方式对爸爸做出反应，仿佛是在期待玩耍。我们把宝宝的这种样子称为“想要扑上去似的”，这显然是在表达：“和我玩吧！”爸爸会和他玩的，他从头到脚轻戳宝宝，一遍又一遍。宝宝会咯咯笑，四肢抽动，脸上神采飞扬。这种对父亲所作出的反应也是可预测的，仿佛是在说：“我知道你会干嘛！”

因为这些对于兴奋玩耍的预期，他有什么理由还十分在乎喝奶呢？如果爸爸很想让宝宝喝奶，那么最好先和宝宝玩一会儿。当宝宝开始疲劳，失去了兴趣，把头扭开以避免爸爸的目光，那么，也只有在这个时候，爸爸才可以搂抱着宝宝，轻柔摇晃他，对他吟唱，并且最后给他喂奶。即使是一个对母乳喂养无比执着的宝宝也准备好接受这样的方式。

喝奶量更大，更有耐心

自第3周的体检以来，婴儿又增长了约1千克重。对他的喂养已经开始变得更加有规律了。他夜间睡眠的时长也开始拉长了。他也许已经能够在你把他抱起来安抚因饥饿而起的哭泣前等待一小会儿。在你向他身边走去时，停留在他的视线以外，然后呼唤他，看看他能不能接受你的言语安抚。

他喝奶量应该差不多每顿要达到150～180毫升了。如果是母乳喂养的话，这个喝奶量差不多在头5～10分钟就能够完成了，但是在每侧乳房吮吸可以安抚到他，并且对母亲而言通常也是愉悦的。

“黄昏哭闹”达到顶峰

在2个月大时，很多宝宝处在他们“黄昏哭闹”（黄昏焦躁）的峰值水平。很多父母发现他们的宝宝能够自我安抚，哪怕只是一小会儿，通常是以吮吸安抚奶嘴的形式。

排便仍然不规律

排便的总体状况和之前一样。如果是配方奶喂养的话，那么每天排便1～2次——粪便呈糊状，颜色从黄色到褐色。当宝宝排便时，他可能会把身子蜷起来并且脸涨得通红，但一旦排出了粪便，他瞬间就会放松下来。如果你在粪便中看见鲜血，一定要报告医生。当宝宝的粪便中出现轻微红血丝时，有可能是因为发硬的粪便在宝宝的肛门上刮出了小裂口。如果是这种情况，可以让宝宝服用30毫升西梅汁加60毫升水混兑的饮品以软化粪便。为了促进肛门表面小裂口的愈合，你可以用小指蘸取一点凡士林并涂抹在裂口周围。

母乳喂养的宝宝排便是不规律的，有可能会1天10次，也有可能会10天1次，只要粪便是软的、糊状的并且没有伤害宝宝，你就不用担心。在很少见的情况下，宝宝的粪便中可能有一块褐色的血块，有可能是因为妈妈皲裂的乳头所致。这对妈妈也是一个警告，要用含羊毛脂的药膏好好照料你的乳头。你也许需要咨询医生，是否要避免用乳头皲裂的那侧乳房喂奶，直至裂口愈合。

这个时候的喂奶时光是有趣的，你和宝宝都会期待这些时刻——既是为了吃，也是为了玩。

添加辅食？一定不要

在1岁以内，奶对宝宝来说是最重要的食物。宝宝的吞咽反射还不够协调，在四五个月内是无法处理固体食物的。早于这个阶段的宝宝如果被喂进辅食，那些食物很有可能无法被消化。如果过早给予辅食，他们还未发育好的内脏器官也会压力重重。有证据显示，给这么小的宝宝喂特定辅食也会导致他以后出现过敏。

4个月

共享甜蜜的喂奶时光

喂奶在这个阶段变得更加规律。几乎所有的宝宝都接受了在两顿奶之间间隔3～4个小时。每次喝奶持续的时间也变得更可预测，如果是配方奶喂养的话，每次加上拍嗝是10～15分钟；母乳喂养可以持续20分钟，有时候会更长些——加上拍嗝的时间。柔声细语和温柔玩耍令人如此满足，因此可能会使喝奶的时间再延长一点点。宝宝在前2分钟会喝下一半的奶，在前4分钟会喝下八九成的奶。如果他在喝奶之后睡着了，那么差不多就是吃饱了。但如果他想喝更长时间的奶，并且妈妈也想要让他那么做，那么这就是甜蜜的亲密时光了。宝宝肯定不会因为这些延长的喂奶时间而被过度喂养。

在我看来，那些在喂奶一开始会和宝宝讲讲话、抱抱宝宝、使宝宝彻底清醒、安抚宝宝不安情绪的父母总是能拥有更令人满足的、顺利的喂奶过程。

也许在这个阶段你已经能识别宝宝的哭声。激烈的“黄昏哭闹”在这个阶段应该已经结束了，清醒的微笑和互动时光也许已经替代了那些焦躁时刻。到了这个阶段，父母们会在了解宝宝各方面问题上更有自信，也知道宝宝哭泣的时候可能是因为什么。因饥饿而起的哭泣和别的哭泣是不同的，你和你的宝宝都很清楚这点。

在这个阶段，有一系列问题会盘旋在父母们的脑海中，比如，如果每次宝宝哭的时候我都给他喂奶，会把他宠坏吗？我并不相信这么小的宝宝会被宠坏，但要确保你能理解他向你表达其他需求的方式。通过哭泣他会告诉你一些不同的事情，并非所有的哭泣都是因为饥饿而起的。哭泣背后有不同的原因，例如无聊、想玩耍或困倦，以及需要被放下睡觉等。这些需求和另一些需求都是通过不同的哭声来表达的。观察的过程会令你觉得和宝宝的连结更强。

是时候拉长喂奶时间间隔了

他频繁地要喝奶，我能做些什么来让他拉长喂奶间隔呢?

在这个月龄，你可以开始依赖宝宝新发展出来的能力。如果3个小时间隔还没到的话你就来到他身边，可以和他玩耍一会儿，以替代直接喂奶。宝宝也许也准备好了自己玩一会儿。

在他的摇篮上方悬挂一些彩色物件（例如，塑料勺子等），这样当这些东西在光线下闪闪发亮时，宝宝就可以盯着它们看。当宝宝能够伸手抓到它们的时候，这些东西就需要拿走了；另外，这些东西要绑得紧紧的，这样宝宝或他的哥哥姐姐就不能把它们拉扯下来。可以把宝宝上身抬起30°，这样他就能看到它们。也许你会惊讶地发现，如果有机会看到、试图碰到它们或听到它们发出的声音，宝宝会被这样的场景迷住。

他会发现原来自己可以独自玩一会儿，在两顿奶之间消化自己的无聊和享受那些清醒的时光。这当然能够帮到你——并且也可以想象一下，当宝宝意识到他能满足自己一些需求时，这对他而言意味着什么。当喂奶间隔延长到4小时一次时，你们都能愉悦地享受其中，这是你们双方的功劳！

或许准备好夜间睡长觉了

宝宝夜间4小时醒一次在这个阶段是常见的。事实上，你都有可能是幸运的。至少你的孩子在晚上能一觉睡4个小时，而不是更频繁地醒来，或者出现昼夜颠倒的情形。但现在是让宝宝开始学习如何在夜间睡长觉的好阶段。当他的大脑开始变得成熟，他就有可能准备好了在夜间睡更长时间的觉。

每隔几个小时就把宝宝抱起来喂奶可能会导致睡眠问题。在夜间，每4个小时给宝宝喂一次奶可能已经不是最好的方案了，而帮助宝宝学习如何让自己重新睡着可能会是个更好的方案。

我发现当宝宝开始学习如何重新睡着时，干扰其4小时的睡眠循环可以有所帮助。在宝宝自己醒来之前，差不多在晚上10点或11点的时候先叫醒他，给他再喂一顿奶，没有玩耍或令人兴奋的互动。在宝宝睡着前把他放回到床上，让他自己试着重新睡着。这顿额外的奶会打破他4小时的睡眠循环，也许能帮助他学会自己入睡，并且夜间每一觉都睡得更久。这种方法使我的很多小客户晚上能睡到8个小时。喂奶也许是有帮助的，但是它们并不能真正帮助宝宝“学会如何睡觉”（参见《布教授有办法》系列之《让宝宝睡得好》）。

出现短暂的厌奶期

一个和喂养有关的新“挑战”即将出现。在四五个月大时，宝宝喝奶时会无法专注于乳房或奶瓶。他会扭头关注周围全新的景象及声音。除非你在黑暗安静的房间里给他喂奶，不然现在几乎不可能让他保持专注的进食状态。这是因为这个月龄的宝宝们在视觉和听觉的感知力上有了一个大的飞跃，他“突然”意识到了这个世界有多么精彩，他想要观察、聆听和吸收他所能感知到的所有细节。伴随这些变化，他的视力现在可以聚焦在更远的物体上，这使得他不仅能看到你的脸，也能看到房间那头地板上散落的玩具了！进食在此刻看起来没那么重要了。

怎么办呢？保持耐心。意识到这个爆发式发展背后的原因。由于他被周围的花花世界所吸引，可以尝试在一个安静平和、没有灯光的房间里给他喂奶。不要指望他会持续喝奶，他会不断停下来看四周。这个阶段的宝宝一天喝四顿奶就够了。如果是母乳喂养的话，他会在前5分钟里喝掉90 ～ 120毫升的奶。这个充满挑战的阶段会持续1周时间。你也许会觉得被宝宝拒绝了，或者有哪里不对。有时候也有可能是“出牙”所导致的。出牙也许是原因之一，但更有可能是因为这种爆发式学习所造成的。享受这个阶段吧！

出牙了，吃奶好难受

出牙的确会使喂养变得更加困难。当宝宝超过4个月大时，似乎任何一件事情都可以归咎到出牙上。当宝宝拒绝食物的时候是因为出牙——如果你看到宝宝下颌牙龈肿胀，那么这的确可能是个理由。一粒新牙如同一根小刺——这个外来入侵者会使牙龈肿胀。当宝宝吞咽的时候，更多血液会涌向已经饱满的牙龈，这会令宝宝感到疼痛。

如果宝宝频繁吮吸手指，或者当他一衔乳头就变得烦躁，那么他有可能是在出牙。出牙可能会使宝宝搓揉自己的耳朵，仿佛那里很疼似的，周围人很容易把这种搓揉和烦躁与耳朵疼痛混淆。而真正的理由是，牙神经会经过耳朵区域，通过搓揉周围区域，这会让宝宝感觉舒服一些。

如果你想要提供帮助的话，可以洗干净手指，然后伸进他的嘴里，用手指摩擦他的下腭牙床，这样就可以减轻肿胀。宝宝一开始会讨厌你这样做，但很快他会平静下来享受这个过程。你可以通过这样的方式来处理他出牙时的疼痛。你会注意到他期待你的手指，并且会在吮吸自己的手指时也试图去摩擦牙龈。

宝宝出牙的月龄通常也和家族史有关。我的孩子们快要1岁时才开始出牙。我一路都很担心："她开始长牙了吗？她会长牙吗？"其实我并不需要担心。我的妈妈说："贝里，你在1岁之前根本就没长牙，但它们有一天突然都长了出来。"

开始"认生"了，其他照料者怎么办

在4个月大时，陌生人意识的最早期信号出现了。宝宝也许已经了解了父母之间的差异，以及可以对他们抱有怎样的期待。他会把这些信息储存起来，然后做好准备在父母面前做出不同表现，对他人亦是如此。尽管这种新的能力刚开始出现，但祖父母们已经需要做好心理准备，在宝宝放松下来和他们进行互动之前，会上上下下地仔细打量他们。当照料者或保姆试图喂养宝宝的时候，也需要尊重宝宝对于生活中不同成年人所具备的全新意识。

我建议想要给宝宝喂奶的祖父母或照料者先试着去认识宝宝，可以安静地和他玩耍，避开他的目光，安静而轻柔地抱起他。即使在这些时刻，也不要盯着他的脸。不要试图让他变得过于兴奋，也不要试着逗他笑或让他对你发出各种声音。坐在那里安静地摇动他，融入他的节律。当他对你放松下来时，你会感觉到他的身体没那么紧绷了。然后，也只有在那个时候，你可以轻柔地对他吟唱和说话。如果他开始四处寻找食物，想要找奶喝，那么你可以把奶瓶递给他。如果他开始吮吸了，那么你会对此感到满足。这时你要保持静止，不要让他承受太多。当他开始进入我们之前所描述过的吸－吸－吸－停的模式，你可以趁他停顿的时候和他柔声细语沟通一下。在他停顿的时候安静地俯视他。唱一首安静的歌曲，轻柔地挠挠他以使其保持清醒，和你保持沟通，并喝完那些奶。

但记住，他意识到了你是个陌生人，并且很有可能对你身上有别于那些他熟悉的“食物来源”的部分气味、声音、节律保持谨慎。吃吃停停的模式是学习的契机——在这里就意味着，学习了解你这个陌生人，但是你的行为很可能会让他痛苦地联想到那些来自于父母身上的寻常细节。在当下，如果他愿意接受你，这已经是个巨大的成功了。

6个月

喂养在这个阶段可以是精彩无比的，也可能令人无比失望，这取决于你如何看待它们。四五个月大的孩子会拒绝吃母乳或奶瓶，以便自己能四处张望，这个阶段通常只会持续一小段时间。但宝宝现在开始对令人兴奋的周围环境保持警觉，但同时又有能力融入其中。在这个阶段，他知道如果自己停止吮吸望向你，他可以通过咕咕声或咯咯笑来吸引你的注意力。他可以通过打断喂奶的进程来使这个过程无限延长。

可以添加辅食了

一些宝宝在这个阶段开始吃辅食，并且不再那么喜欢喝奶。如果有这样的倾向，先从喂奶开始，然后再喂辅食。对于飞速成长的婴儿来说，奶比辅食重要得多。尽管到了6个月大的时候，婴儿可能需要补充更多的铁。加强铁质的米粉可能是其来源之一，肉松则是另一种来源。让儿科医生确认宝宝在这个关键阶段是否摄入了足够的铁。

在喂辅食的时候，要把宝宝上身抬高30° ～ 40° 。如果没有抬到那么高，那么他有可能会发生呛噎，或者以“错误的方式”咽下食物。如果角度大于30° ～ 40° ，那么宝宝会不断往前趴，无法进食。在他初次尝试新口味新食物的时候，你需要确保这样的体验不会令他感到害怕。

新挑战和新问题出现了

当你刚开始给宝宝添加辅食，你会面对一系列新的挑战和问题。

1. 宝宝需要学习如何吞咽。他已经能用如此快的速度吮吸喝奶，而学习吞咽则需要动用舌头后面的肌肉以及喉咙。宝宝前几次有可能会被辅食卡住，甚至会噎住。放慢节奏，让他有充足的时间去学习。可以从小勺子上很小一口液态米糊开始，让他尝试吞下它。如果宝宝的确准备好了吃辅食，只需要三四天的时间他就可以很熟练了。一些宝宝舌头和喉咙肌肉的协调配合需要更大月龄才能做到。有些宝宝可能会有敏感的咽反射：

每当有固体食物触碰到喉咙后壁的时候就会出现呕吐呛噎的情形。这些婴儿通常需要至少再过1个月才能准备好接受辅食。

2. 你需要给宝宝吃多少辅食呢？在接下来的几个月里，1～2汤勺混合了配方奶或母乳的辅食就已经足够了。

3. 宝宝会喜欢辅食吗？也许在一开始并不会。对任何新的食物，他会把食物在嘴里搅动一下，然后慢慢吐出来。你需要耐心一点，然后继续提供食物，直到宝宝对此感到厌倦了。每次喂养的时候再次给他尝试一下新食物也可能有所帮助。许多孩子需要在准备好吞下食物之前先熟悉一下新味道或质感。在接触新食物5～15分钟之后，它就再也不是陌生的食物了。如果周围人不断以这种方式提供食物，对宝宝而言他们会最终接受这种新食物。但不要强迫他接受——永远不要。只是每次给宝宝提供几勺而已，如果他对此抗拒，那么要尊重他发出的信号，然后在下一顿饭的时候再试试。你并不希望让孩子把新的口感口味与斗争联系到一起，不然他就更有理由拒绝这些食物了。

4. 在喂辅食时，宝宝有可能会试图伸手拿勺子。当他能成功做到时，让他拿住勺子玩一会儿。当他那么做的时候，你可以用另一把勺子。如果他又伸手抓这把勺子，那你可能会需要让他每只手都拿一把勺子，然后用第三把勺子喂他！

5. 能更晚再开始添加辅食吗？大多数宝宝在大约6个月之前就需要机会尝试不同而全新的食物口感，以学会用口腔处理这些食物。

6. 如果宝宝吃完辅食之后不肯喝奶了怎么办？调整次序，先喂奶，再吃辅食。奶依旧是最重要的，因此要先喝。喝完奶再吃辅食，因为在这个月龄辅食还没那么重要。

7. 如果宝宝脸上开始有鳞状红疹，辅食需要被暂停吗？并不需要停止添加所有辅食。如果你在添加新的辅食之前已经等待了至少1周，那么只要把最新添加的辅食排除掉就可以，然后不要再尝试那种食物。由于这个月龄宝宝的膳食极其有限，让你有机会排查宝宝对哪些食物存在过敏风险。如果你能发现哪些辅食是可以添加的，而哪些则不能，将大有裨益。

8. 在给宝宝喂辅食的时候，让他坐在一张宝宝椅里，或者让他靠在一张靠垫上。做好准备，宝宝会用舌头把食物推出来。每次一两勺辅食就已经足够。当你给他喂食物时，他会一边吃一边和你玩耍，他会想要摸你的脸，会不断踢腿，然后双脚搓来搓去。当他感到无聊或不想再吃辅食时，就会把头扭来扭去。

食物过敏高发期

一些辅食会导致过敏，因此每次当你开始添加一种新的食物时都要格外小心。在每次添加了新的食物后至少需要等待1周时间再添加下一种，以观察宝宝是否有过敏的迹象。无论是宝宝脸上迅速出现红疹，还是肚子疼，这些都提示你让他停止接触这种新的食物。湿疹（宝宝的皮肤会变得干燥易剥落）或别的信号都意味着宝宝过敏了。

但愿你所加入的新食物至今还没有导致宝宝出现红疹或胃部不适。每次只加入一种新的食物是明智的做法，这样你就可以识别出到底是哪种食物导致了过敏反应。有时候，我观察到当新的辅食添加进来时，会诱发轻微的牛奶过敏。在一些婴儿身上，牛奶本身并不会触发类似于湿疹之类的皮肤过敏反应，但如果加入一些宝宝轻微过敏的辅食后，皮肤红疹就出现了。

在这些时候，你需要再次确定宝宝接触了哪些食物，并且观察哪些食物导致了过敏反应，此时他的周围环境和膳食结构还没有那么复杂。可以询问医生或护士，索要一张容易导致过敏的食物列表［导致过敏反应的常见食物包括牛奶、大豆蛋白制品、鸡蛋（特别是蛋白）、花生、贝壳类，有时候可能是麸质——来自那些用小麦、黑麦、燕麦和大麦做的食物］，特别是有家族食物过敏史的情况下。如果过敏反应继续出现（例如红疹或腹泻），那么就要停止提供这种食物。不过不要预设一过性的红疹或腹泻都是食物过敏的信号，有时候可能是其他原因导致了这种状况。向儿科医生求助，确认宝宝的各种症状是不是因为过敏所导致的（参见第三章“食物过敏”和“牛奶过敏”）。

如何在添加辅食时避免过敏？

1. 每次只添加一种辅食，这让你有机会测试宝宝对这种辅食的敏感度。如果你可以识别出宝宝对哪些辅食无法耐受，你就可以保护宝宝免受湿疹或其他食物类过敏的侵袭。

2. 在3 ~ 5天的时间里吃同一种辅食。

3. 阅读婴儿食品罐子或瓶子上的标签，如果其中含有多于一种的食物，那现在还不是添加这种辅食的时机。

4. 不要用混合米粉，因为它们混合了不同种类的谷物，你并不希望宝宝一下子暴露在那么多食物种类中。

如何保住母乳量

如果母乳喂养的妈妈白天不在家，她在这个阶段可能需要额外的努力来保持奶量，因为宝宝也开始吃别的食物了。为了让乳房保持被刺激的状态，职场妈妈可以试着在回家后给宝宝喂两次奶——下班回家一次，睡觉前再喂一次。加上清晨喂奶，白天再在工作场所挤出一两顿奶，这样的方式肯定能够保持奶量。

夜间喝奶后可以自己入睡

添加辅食也许并不会使婴儿的睡眠–清醒循环变得更成熟，也许有人会告诉你，在晚上吃一顿米粉之后，宝宝就能“睡整夜”了。但帮助他“学会”睡整觉并不只是填饱肚子那么简单。但不用灰心！

宝宝4个月大时对视线和声音爆发出的兴趣会干扰他的睡眠模式及喝奶，现在应该已经过了那个阶段，但他依旧需要被教会如何在每4个小时醒来时重新使自己再睡着。如果你依旧每隔4个小时给他喂一次奶，那就是在把你自己变成他睡眠–清醒循环的一部分。因为你自己也需要充足的睡眠，所以对这样的方式你需要三思。

如同我们之前所建议的，也许你可以在晚上10点或11点的时候把宝宝弄醒，打断他的4小时睡眠循环。轻摇他，对他吟唱，给他喂奶，然后让他进入困倦状态——但不要在他已经睡熟的时候再把他放到床上，那样的话他没法学习到任何使自己重新入睡的方法。在他安静但依旧醒着的时候把他放回床上，然后鼓励他使自己入睡："你能做到的，你自己可以做到的。"也许你需要抚触他的后背，或者坐在旁边，但不要抱着他，除非你想要继续成为他睡眠–清醒循环中的必备部分。

如果宝宝能够找到自己的大拇指或安抚奶嘴，如果他能调整自己的身体到一种舒服的体态，那么他就是已经在学习如何实现夜间独立了。下次当他醒来的时候，差不多是凌晨2点，但他能再次使自己入睡——在不喝奶的前提下。

可以坐着吃东西了

当宝宝学习"坐"的时候，也许他能逐渐适应高脚椅，但当你给他绑安全带时，要确保他的身体并没有太过直立。有时候他的身体会放松下来，当他需要坐着时，会用单手或双手去支撑自己，就像一个三脚架似的。在长时间保持直立姿势的时候，他需要用双手来支撑自己。他很快会感到挫败，也容易疲劳，所以要确保他能够朝后靠，从而调整到一个更加舒服的姿势。他需要以这样的姿势参与到喂养中，以及你们即将面临的伸手抓握比赛。

可以伸手抓握了，喂养挑战升级

喂养所面临的最新挑战是宝宝最新发展出的技能——伸手抓握。一开始，在向后倚靠的情况下，他学会了同时伸出双手去抓握一些东西。但是到了6个月大时，他可以一边用手撑着自己松弛的身体，而另一只手则伸出去抓握勺子。当你递过去一整勺米粉糊时，他会突然抓住勺子，然后把勺子翻转过来，撒的一桌子都是。这时可让他自己拿一把勺子——可以敲击，可以放在嘴里，在你给他尝试新的食物时让他的手里有事情可做。

可以和他这种新的抓握能力玩耍一下，试试一些新的玩法吧！开始把勺子水平着递给他，然后把勺子调整到垂直角度，观察他伸手去抓握勺子时，是否对这种变化已经做好了准备。很快，当勺子距离他还有几厘米的时候，宝宝会开始调整手的角度和形状，并预测勺子最终会出现的位置。通过调整自己身体的计划，他就是在展现自己回应视觉信息的新能力。当他发现你在和他玩新游戏时，甚至会眨着眼睛仰视你。

模仿能力即将出现

享受他能够“够到你”的新本领，让他摸你的脸和你的嘴。当他探索你的嘴巴时，他会试图在你的嘴巴和他的嘴巴之间建立起联系。当你咂了一下嘴唇，他也会咂一下嘴唇。如果你喷口水，他也会喷口水。所以要小心。模仿能力很快就出现了，并且在未来的几个月里他会在伸手抓握勺子之外学习一些新的本领，不断分散你在喂养方面的努力。如果你把这些看成他为未来所做的准备，那么就可以享受这些变化——他在做好准备掌控全局，并且能够自主进食！

喂养是一段绝妙无比的了解彼此的时光。宝宝说的最早的字——“爸爸”意味着玩耍，“妈妈”意味着有困难需要帮助，这些都有可能是在喂奶的时候出现的。当宝宝一点点为自主进食而努力时，吃饭可能会变得越发复杂。如果你足够明智的话，可以想一些新的方式使他变得越来越独立。你要做好心理准备，当他厌倦了辅食时会紧闭嘴巴，或者把头扭开；同时也要做好准备以迅雷不及掩耳之势去接住那些他突然打算“回馈”给你的胡萝卜或青豆咀嚼残留物！

每日作息表

对一个健康的6个月大的宝宝而言，我通常会推荐下面的作息时间表。具体的时长因婴儿的体型及活动水平不同会有所差异。

上午7:00　喂奶。

上午8:30　水果（煮熟的或打成泥的）。

上午11:00　水，但不需要限制水的摄入量。

中午　煮熟的或打成泥的肉类和蔬菜、喂奶。

下午3:00　水，也许外加一点固体零食。

下午5:00　米粉和水果（煮熟的或打成泥的）。

下午6:30　再次喂奶。

晚上9:30～10:00　如果有需要的话，喂第四顿奶。

这张作息表是理想目标，然而对于想要被更频繁喂养的宝宝而言，并不那么容易实现。如果你在母乳喂养宝宝，那么不用急着减少喂奶次数。你需要让乳房受到足够的刺激来确保奶量分泌。当你在喂辅食的时候，观察他是如何期盼你的乳房或奶瓶的。他知道那些依旧是你所能提供给他的最重要的食物。

8个月

喂养规律已经建立

到了这个阶段，喂养时间几乎已经能够固定了。大部分宝宝习惯于一日三餐外加一些规律的点心时间。需要在上午午睡前和下午午睡后分别有一顿点心，因为8个月大的宝宝胃还比较小，每顿能吃下的东西不是太多。同时，8个月大的孩子更加活跃，需要更多能量。这个月龄的宝宝对于自己何时会感到饥饿有了更清晰的感知。这个阶段，辅食和喂奶很可能会同步进行，这样对大家来说都更为方便。当宝宝在黄昏时分开始情绪崩溃，家里每个人都会意识到："他饿了，我们最好放下手里的事情去给他吃点东西。”

学会“餐桌社交”新技能

宝宝已经知道如何去寻求和获得周围人的关注。在8个月大时，他会通过观察父母的表情来弄明白他们的意图。“他们是要去拿我的食物了吗？”“他们是要让我准备好坐下然后喂我吃饭吗？”如果他无法通过读取父母的表情来默默回答自己的问题，那么他所爆发出的大哭会让所有人都受不了。当他能够读懂周围认识且重要的人的表情，这种能力对他而言是一项全新的成就，这使得进餐时间开始有了新的社交性。当宝宝开始自己吃东西，这一新的社交技能会帮助他寻找到新的方式，以在用餐时间和家庭成员之间依旧保持亲密感。最终，这种社交性会成为健康饮食最为重要的驱动力之一。

陌生人焦虑

但是，上述这种全新的能力也伴随着一种新的识别方式——“陌生人焦虑”，当父母以外的人试图喂养他时，这会影响到他对那些人的容忍程度。8个月大的宝宝有能力比较妈妈和阿姨之间读懂自己行为信息的能力——其中感受到的差异会让他觉得和妈妈待在一起更舒服。

在这个阶段，不要指望别人可以很顺利地喂宝宝。如果别人必须要喂宝宝，要告诫他们不要盯着宝宝的脸看，首先要拿出一个有趣的新玩具，静静地分散他的注意力。然后，让宝宝手里拿两样东西，这样他就没法抢走大人手里的勺子。然后举起勺子——盛满他最喜欢的辅食。做好心理准备，宝宝可能会在1周或更长的时间里抗拒新喂养者。

学会爬行，随处抓东西吃

在地上爬行或“蠕动”是宝宝的另一项新本领。宝宝会四处爬行去抓握垃圾、残渣以及任何遗留在地板上的东西。8个月大的宝宝会毫不犹豫地把这些东西塞进嘴里，品尝甚至吞咽它们。父母们发现在让宝宝四处爬行前，要先排查地板上有没有细小物件，要比以往更勤快地拖地板。我总是建议父母自己双手双膝跪地，四处爬行一下，看看在这个刚能四处活动的孩子的全新地盘里，有没有一些安全隐患。这种抓握的本领对于宝宝自己吃饭也非常有用。

手指头更灵活了

在宝宝刚开始坐起来的头1个月或更长的时间里，他需要用手支撑着自己，使自己不会从坐姿跌倒。直到最近，他的手一直都很忙碌，要把自己支撑得如同一座稳定的三脚架。一旦宝宝学会了坐着并能够充分保持平衡，他的手臂和手就能开始进行其他活动了。下一步就是手和手指运动的精细协调。手指对宝宝来说是如此神奇的部位，他会观察它们、操纵它们，用它们找出细微的物体。进食是如此的好玩与重要，8个月大的孩子当然会在这个过程中不断动用自己的手指。

自己吃饭的开始

一旦手指以这样的方式为他所使用，对一个8个月大的孩子而言，在探索周围世界时，手就成了他嘴巴的延伸。他依旧需要更长的时间才能彻底用手指代替嘴巴来研究他的世界，但他已经起步了。当他捡起食物的碎屑或一些东西打算放进嘴里时，注意这种转变。他会开始触摸一粒麦圈，仿佛在问：“为什么我之前没有注意到这里面有个洞？太神奇了！”他会把麦圈拿在手里，试图把一个手指伸进洞里。当麦圈裹住了他黏黏的手指，他可以不用捏着麦圈就把它举起来，宝宝脸上会浮现胜利者的表情，仿佛在说："看看我现在会做什么了！"

学会指来指去要东西

8个月大的孩子还在学习如何改善自己的抓握动作。他一边满足于自己能用整只手聚合一堆米糊或固体，一边也开始把手指和手掌分开使用。当他那么尝试的时候，他发现自己可以指向某个地方。他可以一边指着一个东西一边发出哼哼声——这样就能拿到它！指示是一种用来沟通的全新有力方式。现在，只要伸出他的食指，他就是在说"看那个呀！""我要那个！"，甚至以此来表示饥饿或对食物的偏好，他可能会指向自己的奶瓶，或者指向你盘子上的食物。指示也是宝宝在社交层面的新本领。现在宝宝仿佛竖着手指在说："我们一起看那边吧。"食指不仅是探索食物的新方式，也是用来探索插座的——一定要小心！所有的插座必须安上保护罩。这个月龄的宝宝会把你给他吃的所有东西都捅一下，手会变得脏脏的，但要允许他们这么做。

学会指尖抓握，捏起什么吃什么

最令人兴奋的是，8个月大的孩子已经知道他能够用食指和拇指拿起东西。在9个月或更大月龄，他会发现自己可以用拇指和食指捡起极其小块的食物——婴儿饼干或一小片肉。这对他而言是全新而重要的胜利——他学会了“指尖抓握”。他对此当然是兴奋的。这也意味着他可以更轻易地拿起细小而危险的物品（例如，大头钉、含铅油漆片、硬币）并把它们放进嘴里。因此，如我们之前所提到的那样，要小心他能碰到的所有物品，这份谨慎开始变得前所未有的重要。

“杯盘狼藉”的用餐时间

当一个孩子努力掌握上述所有新本领时，这就有可能是个触点。这些即将出现的技能可能会导致其他发展领域的一些技能暂时出现倒退。在这个阶段，父母需要理解这些退行，并且将之视为孩子在为眼前的新发展做好准备。用手吃东西是通往独立进食和食物选择的重要一步。这些选择需要站在孩子的立场来理解：这些新本领所带给他的喜悦，会成为他学习自己吃饭的主要动力。

另外，这个月龄的宝宝开始对杯子和勺子是怎么回事感兴趣。他有可能会在你用它们喂食的时候自己手里也拿一个。他会用这些东西敲击托盘或餐桌，会把你喂给他的米糊捞进这些餐具中。他会一开始拿住杯子的边缘，然后拿住它的把手。如果你胆子够大，把一些东西放在里面，看看他会不会自己吃，那么他会把它翻个底朝天。如果你真想试试看的话，可以在里面放一点点水。一种解决方法就是使用鸭嘴杯，通常这种杯子上有一个紧紧盖住的杯盖。千万不要把盛食物的碗放在他的桌子上，不然你会看到他把碗扣在自己头上的！

因为这种全新的指尖抓握本领，宝宝现在能够捏住一块食物，并且他会想要使用这种新本领！为了让他现在能对吃饭保持兴趣，明智的做法是从一两块软软的食物开始，比如一小块香蕉。在你开始用勺子喂他吃泥状辅食前，把这种小块的食物放在他高脚餐椅的餐板上。当他用拇指和食指去拿起那些食物时，你可以继续用勺子喂他。

块状食物宝宝最心仪

当你一开始把两小块食物放在他高脚餐椅的餐板上时，他会把它们从一边丢下去。不用管他，然后再放两块上去。你最好在他的高脚餐椅周围铺上防水布，或者让家里的狗来吃干净。不然的话，你要做好心理准备，面对地板上星星点点的食物残渣。

块状食物需要看上去有点特别的吸引力，尤其是在一开始的时候。它们需要足够结实以便被拿起来，又需要足够柔软以便能够被整个吞下，或者能够在吞下之前被软化。一些谷类食品很好用，麦圈近乎完美，因为它们能很快溶解为糊状，以便宝宝吞下去。也可选择柔软的水果块、松软的熟汉堡肉（不是太干的那种）、煮熟的蔬菜或通心粉、豆腐、软奶酪等。所有这些食品都会在宝宝口中溶化，从而易于吞咽。

新本领带来新的安全隐患

预防是最好的方案。再次强调，排查地板，关上橱柜。不要把细小的、容易被吞咽的物品留在地板上或能被宝宝拿到。只喂他两小块食物，同时备好水、果汁甚至奶来帮助他冲下食物。在这个阶段，不要在他面前晃来晃去，强迫他非要吃下多少食物，这个月龄的宝宝回应这些压力的方式可能就是吃东西时噎住。

奶依旧是最重要的食物

在这个阶段，餐桌上的食物只是在保持他对食物的兴趣上有重要意义。在这个月龄，他所关注的是自己吃饭。如果你因为担心他“吃不够”而不断喂他，那么你就是在逐渐使他对你提供的食物产生阻抗。这么做并不值得，要保持他对食物的热情。在你提供给他的食物中，奶依旧是最重要的。

10个月

用餐需要仪式感

这时吃饭时间如同马戏团表演。经常会有10个月大宝宝的妈妈告诉我，宝宝坐着吃饭的时候不停地站起来，这令她们感到挫败。很正常，在宝宝掌握站立的新本领之前，他是不会安心待在自己的椅子里的！这种情况下，你需要确保他坐在高脚餐椅上时系了安全带（确保高脚餐椅经过安全检测并且要遵循其使用说明），并且不要留他单独坐着。不然的话，宝宝很有可能会站起来，转身紧握椅背，然后翻落到地板上。

这个阶段的喂养需要形成仪式感，这意味着每顿饭都用同一把安全高脚餐椅，并且用安全带把他固定在上面。宝宝期待的仪式感之一是每顿饭你都会给他一些食物并鼓励他自己吃——前提是他真的很想要参与这个过程。这些都可以帮助孩子了解到吃饭总是在同一时间、同一地点以同一方式进行。你需要通过这些规律的习惯来帮助他平静下来。切记，一边看电视一边给宝宝喂饭并不是一个好的习惯（参见第三章的“电视与进食习惯”）。

食物偏好出现了

这时候可能还有更多令人头疼的问题出现。这个阶段宝宝开始出现食物偏好。一位妈妈绝望地倾诉道：“他根本不吃我为他精心准备的东西。他只是尝一尝，然后摇头说不要，把东西推到一边，然后就不吃了，气死我了！”

我问道：“他吃不吃这个东西对你而言为何如此重要？”

“为了给他做顿好吃的我付出了那么多！当他不吃我给他做的东西时，我觉得就像是被他拒绝了！不管怎么说，我希望他能吃下营养全面的一餐，但他几乎再也不让我喂他吃饭了！”

针对父母这些急切的担忧，我们会提供如下建议。

1. 如果宝宝的拒绝会让你觉得这是在针对你，那么就不要给自己找麻烦来准备宝宝的食物。这个月龄的宝宝可能对重复自己熟悉的口感和过程更有兴趣。如果你要提供新的食物，有可能要反复尝试10～15次才会让宝宝想要试试这种食物。

2. 10个月大的宝宝会进入一个阶段，在这个阶段中大部分宝宝并不会吃“营养均衡”的一餐。奶和维生素可以对其饮食进行营养补充。你需要和儿科医生讨论确定宝宝是否长势良好，并确保他得到了所需的营养（包括铁），而不是以唠叨或施加压力的方式，那样其实并不管用。

3. 也许作为养育者你会被孩子推开。我建议父母尊重孩子想要在吃饭这件事情上变得更加独立的需求，并且为他建立起吃饭的流程，以使你能够享受他循序渐进实现自主进食的过程。不然的话，你有可能就会把餐桌变成战场，而那样的话你几乎不可能赢得这场战役。

4. 给宝宝尝试不同质地和口味的食物。你可以时不时试着引入这些食物，但不要对宝宝施加压力。别指望他在第一次、第二次甚至第三次就尝试这些食物！

小心鸡蛋过敏

炒蛋是很好的手抓食物！但鸡蛋是最容易导致过敏的食

物之一，过敏的形式通常是皮肤红疹。如果的确出现了皮肤红疹，那就要立马停止吃鸡蛋。然后请医生确定这些红疹到底是不是过敏反应所致。如果的确是过敏，那么要避免所有含鸡蛋的食物，直到宝宝1岁时再和医生讨论是否要再次试着添加鸡蛋。

喂奶效率超级高

继续母乳喂养对宝宝而言依旧是有好处的，他可以继续拥有母乳中的抗体以及消化酶。不过到了这个阶段，其他辅食也必须提供一些营养，特别是铁和维生素D，还有锌。当妈妈下班回到家时，母乳喂养依旧是宝宝和妈妈之间再次连结的美妙方式。在这个月龄，妈妈可能会觉得宝宝忙碌到不会吮吸很长时间，她可能会担心宝宝在这么短的时间内没有摄入足够的奶。但实际上宝宝所吃的奶量是够的。如果乳房充盈，在吃奶的前5分钟里，他就能吃到180毫升！

如果宝宝是喝配方奶的，你可以观察到相同的情况。他喝奶的效率大大提高，以至于可以在8分钟时间里就狼吞虎咽下180毫升奶。

吮吸依然至关重要

宝宝要不要现在断奶，改用杯子喝奶？我并不那么觉得。杯子或鸭嘴杯当然可以试着用用看，但这个月龄的宝宝依旧有大量吮吸需求。当他过度兴奋的时候，吮吸一定能够帮助他学着让自己平静下来，同时也是一种帮助他处理忙碌的一天中那些超负荷信息的好方法。吮吸帮助宝宝平静下来，使其进入放松的、睡意惺忪的状态。在他学习管理自己那些沮丧、困顿、兴奋和另一些不知所措的情绪时，吮吸是他所能动用的首要策略。

我并不觉得孩子要在1岁以内放弃那种在温暖、放松、抱持的环境里进行吮吸的感觉。因为在1岁之内，孩子要面对的挑战太多了，有那么多需要学习的东西。宝宝有什么理由要在10个月大的时候就放弃这些体验呢？

很多妈妈也许会觉得宝宝发展中的每一步都似乎是在表达“我不再需要你了，妈妈”，并因此准备停止母乳喂养。但宝宝当然还是需要妈妈的。喂奶是无比珍贵的时间，能够让你们之间那些美好温暖的感觉重新浮现出来。

让他操练自己所有的新本领——用手指吃东西，用杯子、勺子和手，拒绝某些食物，把食物从高脚椅边上扔下去，试图站起来，说话，试验他嘴部及声带的新功能。掌握这些本领是孩子独立的必经之路，但你可以用继续哺乳来平衡独立与亲密。

向全家共同进餐过渡

用餐是重聚的时光，是让孩子感到食物和进食都能由他自己做主的时候。渐渐地，随着你们之间会有更多其他形式的共享时光，你们双方就会逐步准备好放弃母乳喂养那种亲密无间的体验。当宝宝学会静止坐好，自己吃饭，与你分享他刚刚开口学会说的话，以家庭为形式的进餐时间就变成了体验亲密的快乐时光，这可以逐步替代母乳喂养所带来的亲密相拥的体验。

12～24个月

生日蛋糕上插着一支蜡烛——也许这支蜡烛也代表了好运！脸上、手上、家具上、妈妈的裙子上、爸爸的衣服上沾满了奶油——但谁都不在乎！能庆祝精彩的第一年所取得的成就，这实在是太令人感到兴奋了。快乐的父母们一定会觉得："我们找到办法了！我们现在真的是爸爸妈妈了，我们证明自己是可以的！"祖父母、七大姑八大姨可能会偷偷取笑眼前这对父母的大惊小怪。哥哥姐姐可能会感到嫉妒，并试图"窃取"1岁小寿星的风头，但他们几乎不能做到这点，很少有别的事情能和这个里程碑的重要性相匹配。

父母们经历了动荡的一年。他们可能开始看到一些曙光。在大多数的文化背景下，父母会像我们一样养育精力充沛而独立的孩子，他们会在下一年里经历孩子独立与早期反抗所带来的狂风巨浪。人们经常说的"可怕的两岁"通常指的就是接下来这两年。如果我们把这个标签修改成"精彩的两岁"，那么我们的预期就会有所不同。学步儿在学习如此多的东西，而他能以如此精彩的方式证明自己所学到的东西。在接下来的两年，他会逐渐变得独立，喂养的过程也会随之发生改变。但由于孩子的身体发育比第一年明显放慢了，他的进食模式也会随之发生变化，他们所需要的食物总量比父母预期的要少。

我来！让我自己来

在1岁大的时候，孩子会站在和喂养有关的重要十字路口。

他已经了解到自己既能把玩食物也能把食物吃掉，他既可以自己吃掉东西也可以喂地板吃东西。他可以做出各种选择。他可以把嘴巴紧紧闭上，可以激烈或温和地抗议旁人给他喂饭。吃饭时，他再也不需要任由他人摆布了。

作为父母，我们需要认识到我们在每一次喂养中都有机会享受和培养这种独立性，同时保持我们作为保护者和养育者的身份。我们能否接受养育者这个角色的变化，比如当孩子还是我们的“小宝宝”时和此时此刻，养育者这个角色的内涵是截然不同的。如同一位母亲眼含泪光地对我说的：“我讨厌和我的小宝宝告别，我知道自己希望他长大，但我已经开始感觉自己在某种程度上失去他了。我唯一能够牢牢抓住他的方式就是通过吃饭。当他在那些事情上也拒绝我时，我真心觉得自己作为妈妈的美好时光已经结束了，再也没那么好玩了。”

学步儿需要父母面对自己的新角色。当父母问：“我能做些什么来停止孩子的大发雷霆？”我不得不给出一个出乎意料的答案：“没什么能做的。”当父母问：“我如何能让孩子吃下营养全面的一餐？”我会再次回答：“没什么能做的。”这些现实听起来令人痛苦，不是吗？放手和允许孩子开始自我学习是个困难的过程，特别是只有他能帮到自己，而你真的无法帮到他的时候。

好好吃饭？不可能的

当我询问一个1岁孩子的母亲："你能试着接受他用手指吃东西和玩食物吗？"妈妈诉说道："当他把食物扔给狗的时候，我的整个胃部都像在抽筋似的。"我继续问："你知道为什么会这样吗？"

她很确定地说："我憎恨看到食物被浪费。"

我坚持说："我们都不喜欢浪费食物，但我在想为什么这件事情会唤起你格外强烈的感受。"

"好吧，我会想起自己的妈妈说：'你必须要什么东西都吃一点，把盘子上的东西吃干净，全世界还有很多孩子在挨饿，你能吃到这些食物是很幸运的。在你没有把饭吃干净前不能离开餐桌。'"

"哇，听起来这背后有许多的回忆呢。"我说，"你觉得这些回忆和你胃部抽筋般的感觉之间有什么关联吗？"

妈妈开始有些退却了，她说："我曾发誓自己永远不会这样对待自己的孩子。我真的不想要这样的。我能怎么办呢？"

我试着帮助这样的父母建立备选方案，帮助他们来面对1岁孩子在吃饭时必然会出现的各种反抗：

· 不要紧盯着他吃饭，通常在厨房里做一些事情能让你停止插手孩子的吃饭过程；

· 让孩子做出自己的选择；

· 每次给两小块食物，然后你可以在厨房里做自己的事情。

· 让他试验各种熟悉且不易碎的食物器皿。大多数孩子在16个月的时候应该能学会使用勺子了（在日本，孩子们从18个月开始就会使用筷子了！在我看来，这预示着学步儿有很大的决心模仿大人，并最终实现这项困难重重的目标）。

· 当孩子吃下了两块食物，再给他两块。

· 在给他食物的时候从后面给他，而不是面对面给他。

· 试着每次只给他提供一种食物，这样他就能集中精力在这种食物上，而不是被别的食物分散注意力。

· 当他开始玩食物或者把它们丢的到处都是，这其实是一种信号：这顿饭吃完了。这时平静地把他抱下来，不带批评地告诉他："吃完了。"

· 除了规律的零食时间之外，两顿饭之间没有其他食物。零食对小孩子来说是有必要的。每天在规律的时间吃零食，这些是其日常饮食需求的一部分。但是不要放任孩子随时都吃东西，当孩子的注意力并没有在吃东西上时，父母有时候会通过这种方式试图多塞一点食物。但这让孩子没有机会在坐下吃饭前真的感到饥饿。

当全家人坐在一起吃饭时，宝宝可以坐在他的高脚餐椅上，只要他能专注于吃东西本身，或者享受全家人在一起的快乐时光就可以。如果他做不到，并且开始戏弄或试探旁人，那么就把他从餐椅上抱下来并允许他去别的地方玩一会儿——只要他自己待着的地方是安全的就行。

如何处理餐桌上的战争？

问：如果一个孩子在你把他放进高脚餐椅时总是反抗，你会怎么喂他吃东西？

答：尽可能保持坚定与确定：“现在是你吃晚饭的时间了。”阻断竞争性刺激（让哥哥姐姐们离开房间）。给他一个能吸引他的、和吃东西有关的物品——磨牙饼干、苏打饼干，任何他当下喜欢的东西，但最好是不含糖的（一旦你把糖作为奖励，孩子很可能会拒绝吃其他任何东西）。

问：当他拼命想要离开高脚餐椅时，我该怎么做？他刚学会走路，我想他肯定很想兴奋地走来走去。

答：试着把进食变成规律的仪式："现在是吃饭时间了。"用安全带把他固定在高脚餐椅上，并且给他一些他喜欢的食物。如果他太过抗拒，那么就别在意他吃不吃了，把他抱下来，然后等下一顿饭的到来。

问：当他四处走动的时候我该给他喂饭吗？

答：不要。进食是一件有仪式感的事情。当他不好好坐着吃饭时，可能会导致漫无目的的进食，这可能会妨碍他学会什么时候饿了、什么时候吃饭。这样他就更不可能愿意坐在高脚餐椅上了。

我曾经推荐的方式是全家人总要坐在一起吃饭。但在自己家里，我很快体验了每个学步儿父母都会感受到的部分："当宝宝所做的一切都是在用食物戏弄你时，让他留在餐桌上简直就是个噩梦。"如果全家人吃饭的时光因为1岁孩子的存在而变得痛苦，那么让孩子待在一边儿可以使得进餐时间依旧保持一定的社交性。这样的话，你也可以避免让1岁孩子把吃饭和负面回忆联系到一起，不然即使等他更大一些，吃饭时间都有可能带给他不那么愉悦的体验。父母最好在全家人都开饭前先喂宝宝，这样等到全家人都一起吃饭的时候，宝宝就可以以纯社交的方式参与其中。

“但是，”父母会说，“那样的话他是无法吃下足够的食物的。他玩各种食物，只想喝奶，他还不擅长使用勺子或者叉子，他把杯子四处乱扔。”是的，他能感受到食物在父母的眼里有多么重要。为了减轻父母的压力，我会关注学步儿膳食中的四大必要元素。我会和学步儿的父母们分享这些信息，当他们知道了学步儿在24小时内到底需要吃多少东西来保持成长与健康，他们就会尽可能放松一些。下列食物可以被分配在一日三餐外加两三顿点心的范围内（当然，每个孩子的实际需求取决于一系列个人因素，包括体型、活动量、新陈代谢，以及其他一些因素。因此要和儿科医生确认了解一下，确保你知道你的宝宝需要什么营养）。

宝宝第二年的营养需求

（具体数量因人而异）

1. 480毫升奶（以获取足够的钙质及蛋白质）——要么是两三顿母乳喂养，要么是两瓶“强化”配方奶（针对不同年龄群体的营养平衡的配方奶）。强化配方奶需要包括铁和维生素D。孩子在1岁以前，不建议直接喝鲜牛奶，因为其中的铁含量太低且可能会干扰正常的铁吸收。当孩子准备好喝鲜牛奶（和儿科医生进行确认）时，确保他喝的是全脂奶且强化了维生素D。一杯酸奶或30～60克奶酪可以替代一顿奶。在孩子生命的最初几年全脂奶制品中的脂肪可以促进大脑发展。如果你的孩子在一段时间里无法喝奶或进食奶制品，询问医生如何帮助孩子补充钙和维生素D。

2. 90～120克的蛋白质。例如，一块煮熟的瘦肉汉堡肉饼、一个鸡蛋、适量豆类或豆腐。

3. 半片全麦面包和半杯（40克）全谷物麦片、意大利粉或面条，这些能给孩子提供足够的碳水化合物（同时也要喝奶），以使孩子能保持充足的能量。到了2岁时，孩子可能会需要更多的量，全谷物可以提供纤维防止便秘。

4. 铁——肉类（比如汉堡肉饼）也可以提供铁。一些含铁的蔬菜（例如，鹰嘴豆、小扁豆、甜豆、菠菜、羽衣甘蓝等蔬菜）都可以成为其铁来源，但这些蔬菜中的铁不易被吸收，可以吃一些富含维生素C的食物，比如哈密瓜、番茄或柑橘类水果，来促进铁的吸收。如果孩子不喜欢吃蔬菜，可以让儿科医生开一些铁元素滴剂。

5. 1～2片水果（在宝宝1岁之前，柑橘类水果更可能导致过敏性的皮肤红疹）或90～120毫升果汁以获取维生素C。对1～6岁的孩子而言，每日摄入果汁的上限是180毫升。果汁会导致蛀牙，并且会让他产生饱腹感，而不能摄入足够的食物。

6. 尝试提供多种各样的煮熟蔬菜，但不要逼孩子吃。不要预设宝宝会讨厌蔬菜，也不要在他表现出厌恶的时候惊慌失措。父母放松的态度是防止餐桌战争最好的方式，也会慢慢帮助孩子接受越来越多的口味。但是目前这个阶段，如果宝宝不肯吃蔬菜，可以用含矿物质的液体复合维生素补充剂替代蔬菜类食物。

为了防止呛噎，要小心那些带核或种子的水果、富含纤维的蔬菜（比如芹菜）以及坚果和硬糖。肉类需要碾磨成小块。父母可以放松地让孩子自己在吃饭问题上做主，试着在每顿饭结束时保持那种喂奶时的亲密感。不管是母乳喂养还是配方奶喂养，继续拥抱他、依偎着他、轻摇他并对他轻声吟唱。当他努力为独立而斗争时，这些亲密感都是重要的平衡方式。

1岁孩子每日平均热量摄入为每千克体重98千卡，差不多一天是850千卡。但孩子所需要的实际热量不仅因体型而不同，也会因为其新陈代谢、活动水平和个人因素而不同。父母可以和儿科医生讨论你的孩子是否体重增长过快或过慢。在12个月大时，通常孩子的体重在7.5～12.5千克之间，高度（长度）在68.5～81厘米之间。到了2岁的时候，通常孩子的体重在10～15千克之间，高度在78.5～94厘米之间（数据来源于美国国家健康统计中心，2000年）。

我并不推荐让孩子自己抱着奶瓶喝奶，无论是在白天还是晚上。被支起来的奶瓶或者他拿着边走边喝的奶瓶都无法替代喂奶时那种亲密沟通的体验。当我看见一个孩子拿着奶瓶走来走去，我会想到下列三点。

1. 他看起来很孤独。

2. 他父母一定很急切地想要“给他灌下那些奶”，但他错过了每次喂奶时应有的温暖体验，这种体验本该伴随着他度过更为独立的这一年。

3. 当孩子拿着奶瓶走来走去，并且总是能随时喝到奶，那么他们有可能会患上“婴儿奶瓶龋齿”，这也会导致未来发生蛀牙的可能性更大。

夜间把一瓶奶留在孩子的床上，以确保“他喝下足够多的奶”，这绝不是一个好主意。在把孩子送上床之前，喝一瓶睡前奶或在一天结束前最后一次放松地哺乳，这些都能起到“安抚物”的作用，帮助孩子做好准备以面对分离与睡眠。但如果父母把孩子送上床时给他留了一瓶奶或一瓶果汁，这会对宝宝未来的牙齿健康造成巨大威胁。在喂完睡前奶之后，一定要让宝宝喝口清水漱漱口，以防止蛀牙。

何时断奶？怎么断？

“美好的时光总是转瞬即逝”，在我们的主流文化中，在第二年依旧坚持母乳喂养并不是被广泛鼓励的。但是在很多其他文化中，只有当妈妈再次怀孕的时候宝宝才会断奶。我钦佩那些顶着社会压力继续喂奶的妈妈们，而那些职场妈妈们则会在泵奶、储奶、保持奶量等事宜上面临额外的挑战。

如果妈妈在第二年还想母乳喂养，也许思考一下自己的出发点会有所帮助。当婴儿变成学步儿的时候，母乳喂养并不是一件容易的事情。如果妈妈继续母乳喂养的原因是她无法接受学步儿逐渐迈向独立，那么她需要对此动机有所觉察。在第二年的时候，独立是蹒跚学步宝宝最重要的任务。如果妈妈无法容忍他在这个阶段的新挑战，她就有可能会干扰到宝宝完成这些重要的新任务。

但如果你和学步期宝宝利用持续的母乳喂养来体验亲密、安抚和营养支持，那么你可以出于这些理由继续享受这段时光。你甚至可以用简单的话语向宝宝诉说他吃奶时你们的感受，与此同时，也要赞扬他为实现独立而付出的种种努力。

在孩子两三岁的时候断奶会变得越来越难，尤其是当父母对于断奶有复杂感受的时候。帮助孩子实现断奶的过渡方式之一是鼓励孩子使用“安抚物”——可以作为乳房或奶瓶的替代品，可能是某种柔软、摸上去很舒服的东西，比如一个毛绒玩具或一个小毯子。当你在为喂奶做准备时，告诉宝宝把他的安抚物拿过来，“喝奶的时候你可以拿着它”，逐渐强调这个安抚物能帮助他安抚自己——当他跌倒或受伤时，或当他正处在艰难的过渡期时，比如要去上幼托或睡觉前。过一段时间，试着减少一顿奶，转而给他提供安抚物。

如果他习惯于用手指抚弄你的头发或另一侧乳房，那么他就有可能转而通过抚弄自己的皮肤或头发来自我安抚。这对他来说是件好事情！这使得断奶的过渡期变得更加轻松，他会学着靠自己来实现自我安抚。

你依旧可以让他在睡前喝奶以“过过奶瘾”，即使你可能已经没多少奶了。睡前喝完奶或吃完辅食后，要给他一点清水漱漱口，这样可以防止蛀牙。即使你停止了给他喂睡前奶，入睡前还是要坐在他的身旁，这样他就不会觉得断奶就意味着失去你。提醒他，他已经学会使用安抚物来安抚自己了，其实你是在把平静入睡的责任移交给他自己。慢慢地，他会转向自己的安抚物。但千万不要妥协而给他留夜奶。

在你给他断奶的时候，杯子变得很重要。同时确保提供足够的乳制品——奶酪、酸奶，还有装在杯子里的鲜牛奶（白天可以给他瓶装牛奶）。对大多数1周岁以上的孩子而言，鲜牛奶是安全的。全脂牛奶中的脂肪对于大脑发展非常重要。

妈妈们一方面需要考虑断奶是否符合自己的需求，也需要把孩子的行为纳入考量之中。当周围人都表现出不支持的态度时，断奶可能就变成了一件对孩子而言很重要的事情。他会默默承受这个过程中的压力，他可能会觉得“我太像一个小宝宝了”。如果是这样的话，继续母乳喂养可能会伤害孩子的自尊，记住不要让这样的情况发生。

奶瓶喂养的宝宝断奶时，和从乳房断奶一样，给宝宝找一个在需要时随手就能拿到的安抚物。我建议你选择一个即使他长期使用也不会遭人反对的安抚物——玩具小熊、小毯子，甚至一辆小卡车。当他从奶瓶喝奶时，鼓励他抱着这个安抚物并抚摸它。然后，慢慢让他戒除奶瓶，转向安抚物。答应他吃饭时以及睡前可以喝一瓶奶，然后逐渐减少喝奶次数，让孩子转向自己的安抚物。这个过程可能会持续1个月左右，父母要做的是保持耐心。

学习用杯子喝水

在宝宝六七个月大时，你可以让他认识杯子，并且差不多从9个月起，他可以在你扶着杯子的前提下试着用杯子喝东西。但是直到12 ～ 15个月之前，他也许还不能自己用杯子喝水。即使宝宝到了12 ～ 15个月，你也要做好心理准备面对宝宝洒溅出来的水。鸭嘴杯当然是有用的，而好看的杯子可以激励宝宝们努力学习使用杯子。

在我家中，当孩子们第一次用杯子喝了点洗澡水之后，我们就会在吃饭时间开始时用杯子装一些奶或果汁。但是通常，我们的宠物狗爱丽丝从地上喝到的奶比孩子们自己喝进去的还多。每顿饭结束的时候，地板上的食物都会提醒它这一“清理”机会。尽管爱丽丝大部分时间都在门口趴着睡觉，但它总是能在我们一日三餐的时候做好准备。我至今还记得当我们大女儿意识到她能够和狗狗分享食物时，她脸上神采飞扬的笑容！

2～3岁

边吃边玩

在两三岁的时候，孩子不仅开始变得独立，并且也会对自己和他人的情绪更具意识。他在建立起自我形象。有些孩子可能会想自己亲手试试所有东西，但还没有达到完全独立完成的程度。通过倾听孩子，父母对他试图理解自己与他人的美好追求给予支持。

在第一年的时候，喂奶和进食成了父母和孩子之间一种重要的沟通形式。相应地，孩子也会知道，这些时刻是重要的。但吃饭时间也是小孩子的玩耍时间，这是他学习了解周围世界的重要方式。在这些诉求的感召之下，饥饿感仿佛是会被想要玩耍的热情所掩盖的。学步儿的父母可能会感到很烦闷，孩子是如此想要把食物和进餐时间用来玩耍与学习。当然，父母们也很急切，他们需要确定自己是否把孩子喂养得很好。但是喂养中产生的任何“战斗”，父母都不会是赢家。

在混乱中学习

当一个2岁孩子把食物搭得高高的，然后一下推倒这座塔，把食物弄得满地都是，他看起来仿佛是想要激怒父母。当孩子从餐桌一旁掉落一块食物，然后另一块也掉了下去，然后又是第三块……父母们一定会对这些食物最终并没有进到孩子的嘴里而心疼。

当一个3岁孩子呼唤你去参观他用亮橙色的胡萝卜及绿色的豆子拼出来的“图画”时，他是在一边把食物排列好一边展示自己全新的语言能力和他对色彩的认知能力，他在利用食物试验自己的各种新本领。然而对父母而言，这感觉就像拿来之不易的重要食物开玩笑或捣乱：“为了帮他煮这些蔬菜（胡萝卜和青豆）我费了好大力气，但他只是想用它们来玩耍。”他的妈妈似乎忽略了这两种蔬菜的颜色及质感带给孩子的吸引力。

父母需要完全妥协于孩子玩食物的需求，并让他继续玩弄食物吗？我并不觉得。尽管说比做要容易，父母可以向孩子澄清食物是用来吃的，不是用来玩的。但小题大做只会导致孩子变本加厉地用食物玩各种花样。当孩子开始玩食物并失去了吃下它们的兴趣，只需要拿走餐盘并告诉他："吃完了。""看起来你已经吃完了，你喜欢吃吗？"然后把他从餐桌上抱下来，让他自己去玩一会儿。用这种坚定但温柔的方式简明制止这种行为所起到的效果要好过为此批评或惩罚孩子。最终他会理解，只有当他能像其他所有人那样进食，和一家人坐在一起吃饭才会是愉悦的体验。只有不把进餐时间和惩罚联系在一起，他才更有可能有动力去模仿大人的餐桌礼节。

有一项著名的研究，在几个月的时间里，学步儿被允许选择自己想要吃的食物。观察者记录下了他们的选择。在那段时间，孩子们的膳食与其健康成长所需营养保持平衡。要把这样的选择完全交给2～4岁的孩子是困难的！但如果父母能意识到他们所能做的只是提供尽可能多的食物选择，事情就变得简单一些了。

吃饭要快乐，不要压力

在过去或者在另一些文化背景下，食物意味着生存。仿佛是为了教育这代不知饥荒为何物的人，父母或祖父母可能会不断提醒孩子们，在世界的另一些角落经历着饥荒的孩子们会多么迫不及待地想要吃完这些剩下的食物。当然，没有人真的会把这些食物打包送给饥饿的儿童——尽管那样的群体真的很多，即使在美国也有。但孩子们会感觉这是父母在给自己施加压力，这些信息会使孩子对进食的态度变得愈加复杂。

我的父母是得克萨斯州的第二代移居者。他们亲身经历过自己的父母如何在这片全新的土地上进行斗争，以提供足够的食物给自己的家庭。在那个时代，食物是如此珍贵，没有人会用来玩。我记得当我把一些食物留在盘子上或不想吃一些食物时，妈妈的脸会板起来。我发现在面对自己的孩子时，我不可避免地重现了妈妈那些强烈的感受。例如，当他们似乎在“玩他们的食物”时，我必须要努力克制自己不对此做出评判，但在我拒绝吃一些东西时妈妈反对的眼神依旧困扰着我。

两三岁宝宝的喂养方法

·吃饭的时候尽可能使孩子保持“守规矩”的状态，这意味着和孩子一起吃饭的大人要告诉孩子哪些行为不好。

·宝宝可能需要单独吃饭，这样做不是孤立他，而是让他在不会成为全家人焦点的时间与地点去进食，这样他可以自主选择吃什么或不吃什么。

· 如果孩子吃饭时你坐在一旁分散了他的注意力，那么你可以在厨房里做家务，以减少他进食时的压力。

· 当孩子准备好的时候（差不多在2岁或2岁多的时候），在孩子吃饭时和他坐在一起，只要食物不是你们的斗争焦点就行。你和其他一些不会评价其进食习惯的人可以陪着他吃饭，这样他就会期待每次进餐时和大家在一起的感觉。

· 让他坐在儿童安全增高椅上，系好安全带。

· 给宝宝用鸭嘴杯喝水，但不要把水倒得太满，做好心理准备，他随时可能会把水弄洒。

· 孩子的碗最好是带有真空吸力，可以固定在餐桌上。

· 如果孩子拒绝一些食物或玩食物会令你感到失望，那么不要特地为了他做什么吃的。

· 一开始先给孩子一些营养丰富的食物，因为那个时候他比较饿，比如含蛋白质的食物（比如肉、奶酪、鸡蛋）、水果或蔬菜，或用鸭嘴杯装着奶。全麦面包、苏打饼干或通心粉，这些食物也很重要，而且通常对年幼的孩子具有更大的吸引力，因此可以晚些时候给他。把甜食留作饭后甜点。

· 每次只给两块食物，吃完了再给两块，直到他开始丢弃或扔掷食物。

· 别指望孩子会细嚼慢咽，你通常会在他的粪便中发现未消化的食物块。不用担心，他会从中吸收自己所需要的营养的。

· 别指望他会对新的或不同的食物表现出兴奋之情，这个年纪的孩子对于新食物通常会比较迟疑。相应地，他们总能找到办法令那些熟悉的食物变得更有趣。

· 就餐“礼仪”通常是在四五岁的时候才会出现，混乱邋遢是正常的。

· 击打或扔掷食物是一种消遣方式。做好心理准备，并提前想好你将要设立的界限，然后平静地说：“这顿饭结束了”，并把他抱下来。

· 无视他在两顿饭之间漫无目的吃东西的要求，尤其在他“没吃饱”的情况下，这对父母而言格外难以做到。如果孩子健康且长势良好，那么可以不用太纠结于“营养全面的膳食”。假以时日，如果围绕食物的矛盾得到解决，孩子会吃下他们所需要的东西的——只要父母能给他们提供尽可能多的选择。

· 如果你想要发泄自己内心的挫败感，可以打枕头或给朋友打电话，在这些时刻父母们需要彼此的支持。

喂养问题多多

问：但凡开始吃饭的时候，我的宝宝就会变得慢吞吞的，我不确定他是比较消极还是因为别的原因。我什么时候应该停止这顿饭并把他抱下餐桌呢？

答：让慢性子的宝宝慢慢吃。你可以在他吃饭时做些别的事情转移注意力。如果有必要的话，你可以设定一个时间，然后在到达那个时间的时候把他抱下餐桌。下一次，他可能会更有动力吃快一些。

问：我的宝宝一周都不会吃绿色的食物，然后下一周他可能会整周都不吃黄色的食物，我应该为他的挑食担心吗？

答：不用。他在试探自己做选择的能力。也许你会跟不上他做出选择的脚步，但也不要小题大做。他也许享受这种牵着你的鼻子到处走的感觉。我建议你在每顿饭和零食时间都能给他有限的健康食品选择，其中包括一些你知道他更有可能会吃的食物，这样就成了他自己的选择。如果他拒绝了所有的食物，可以平静地让他知道“我们今天晚餐就这些东西，如果桌子上的东西你都不喜欢，那么也许明天你会更喜欢我们吃的东西”。需要明确的是，这里没有任何惩罚目的。相反地，进餐时间是全家人在一起，并且对食物做出选择的时间。就是这样。不要急着无条件地满足他的要求，除非你希望他习惯于牵着你的鼻子到处走（参见“12～24个月”部分中的“何时断奶？怎么断？”）。

4～5岁

是时候建立餐桌礼仪了

到了4岁的时候，孩子会意识到自己给他人造成的影响。他会参考周围环境的标准来衡量自己，也会想要变成自己敬仰的成年人的模样。当这个年龄的孩子认同某些成年人并且模仿他们，他就准备好了学习餐桌礼节。这个过程并不是一夜之间发生的。为了让他能掌握这些，耐心、操练、鼓励和重复都是有必要的。当然他也需要你示范餐桌礼节以及健康的饮食习惯！

观察这种示范会给孩子的用餐行为带来怎样的影响。他会开始像爸爸那样手拿叉子，或者像妈妈一样用叉子固定住那些滑溜溜的菜。他在餐桌旁的坐姿会像父母中的一个，他甚至会开始吃蔬菜，并且试图切开他盘子里的肉。但所有这些事情并不容易，肉有可能会从他的盘子里滑落。“哎呀！爸爸，你可以帮我切一切吗？”失败的代价是孩子的退行，然后他会开始挑衅，他会洒了自己的牛奶，把蔬菜从盘子里推出去，孩子崩溃了，但他的确付出努力试图变得和父母一样。

下一次，他会变得更加认同自己的父母，或者他会找到别的方式，比如哥哥姐姐有可能会成为榜样。如果哥哥在吃饭时玩耍，那么弟弟也会学他的样子。如果哥哥姐姐要多添一份食物，那么他也会的。如果哥哥姐姐吃绿色和黄色的蔬菜，那么他也有可能跟着那么做。如果哥哥姐姐们只是假模假样地遵守餐桌礼节，他也会跟着那么做。这时父母可以肯定他的努力，试着去强调肯定那些他做了的事情，而不是去挑剔那些他还没有做的事情；可以询问他是否需要替他切开食物，但需要做好准备尊重他想要自己来的意愿。如果他自己还做不到，下一次你可以在食物端上桌前就在厨房里切开。

挑食、拒食是在建立独立感

在这个年纪，孩子们可以开始像其他家庭成员一样吃蔬菜，使用餐具而不是用手，使用餐布而不是围兜，讲究餐桌礼仪，坐在增高椅上。但在这个阶段，叛逆也有可能会浮现："不要奶，只要果汁。""我只想吃甜品。"只吃绿色蔬菜，或只吃黄色蔬菜或红色蔬菜，或索性不吃蔬菜。四五岁的孩子很有可能会用手指、挑食或拒绝吃东西来建立自己的独立感，或者表达自己内心的冲突。父母要做好心理准备迎接这些状况，不要太纠结于此，只需要指出："你看起来似乎不大想吃这些青豆，明天我们可以试试别的食物。"

父母可以做什么呢？

·我建议父母尽可能无视孩子为了这些冲突所耍的各种花招。如果孩子持续破坏一家人在一起的时光，那么也许就需要孩子提前离开餐桌直到开始吃下一顿饭为止。当这个年龄的孩子试图在饮食问题上制造各种冲突时，无视这些也许是最有效的管教方式。

·在食物的选择权上坚持你的底线："早上喝果汁，每顿饭都有奶。"最好不要把他对于某些食物的固执偏好太当回事，你可以让他吃那些他想要吃的东西，除非那些食物是不健康的。这个年龄的孩子通常对变化或尝试新食物的兴趣不大。他们在这个年纪的任务是学习餐桌礼节，从能安静地坐在餐桌旁开始，使用叉子、刀和勺子，吃喝的时候尽可能不洒出来，并且能参与到用餐时的对话中。

·让垃圾食品远离家庭。"但别的孩子都能吃这些东西"，这并不是孩子能吃垃圾食品的理由。站在你的立场上以简洁的方式回应："好吧，你可以在你去别人家的时候尝试那些东西。"没理由太过纠结于孩子偶尔在朋友家里吃一点垃圾食品——你越是在这方面小题大做，孩子就越感觉这些东西充满了吸引力。经年累月，孩子甚至会为自己的健康饮食选择及成熟的口味感到骄傲。更重要的是，你的孩子会学会欣赏自己家里的食物，那些自家餐桌上的食物——那也是自己爸爸妈妈吃的东西。

何时需要担心

任何长时间地拒绝多种食物都有可能是孩子更为深层次的求助信号，也许是时候考虑一下这种行为背后是什么。第一个问题通常是“他病了吗？”，也需要观察别的信号，给孩子测量体重，观察他的健康总体状况。和医生、护士共同排查可能的医学原因。孩子也有可能会需要心理评估治疗，以便弄清这种行为背后的原因（参见第三章中的“拒食”）。

拒绝食物有时候是四五岁孩子试图建立独立感的方式。在这个年纪，放纵、挑剔、明显“沉溺”于某种食物并拒绝别的食物都是常见现象。在餐桌上获得关注或者把兄弟姐妹们牵扯进斗争中，都是孩子试图冲向独立的方式之一。

不要落入“甜食陷阱”

父母需要提前决定他们会如何处理甜食。如果甜品只能让孩子在“吃完饭”的时候才能吃，那么食物就变成了对良好行为的奖赏，而不是营养和愉悦感的来源。为了保持对待食物的健康态度，并且避免与之相关的冲突，最好能够让所有人都在“甜品时间”到来时享用甜品。甜品会在饭后提供，并且这是一顿饭的结尾，而不是一种奖励，不会被区别对待。那些特别甜腻的甜品特别有可能干扰到孩子对眼前剩余餐食的注意力。因此，父母要确保你所提供的甜品并不会使孩子过度兴奋，并且也含有足够的营养，以弥补那些为了“留点肚子”吃甜品而少吃的食物。水果、苹果泥、酸奶和带坚果和葡萄干的燕麦饼干都是不错的选择。

父母可能会说：“如果你不吃了，就请离开餐桌。甜品？不行，那是只有吃完所有东西的时候才能吃的。”但要记住，相比孩子维护自己的诉求，食物很容易就会失去它们的价值。在这个年龄，孩子的主要冲突是站在自己的立场上为自己保全面子，你给他的回应需要尊重这一对他而言最重要的目标。

与家人共同进餐的社交意义

在一个忙碌的家庭中，周一到周五的早饭、晚饭和周末吃饭是大家最有可能在一起的时光。但如果施加诸如“宝宝再吃一口”的压力给孩子，那可能会使他反感家庭进餐时间，甚至反感进食。因此，应确保餐桌是整个家庭聊天的地方，并不是一个施加惩罚或压力的地方。

家庭用餐时光可以教会孩子许多东西，例如意识到饥饿和“吃饱了”的信号、感恩食物准备过程中的劳动，并且享受大家一起吃饭的喜悦。分享食物、想法、家族传统和对话都会让孩子们终生铭记。如果从很早开始就建立起这些体验，并且避免侵入式体验和外界压力，一起吃饭的时光会成为一个家庭最重要的沟通时间，并且可以让彼此感受到关爱。

有机会和父母共进早餐及晚餐让他们有了一天的开始与结束。当父母非常忙碌，不得不离开孩子一整天，早餐和晚餐这两个时段就变得尤为重要。在这个压力重重的世界，有规律的进餐仪式仿佛是在表达：“你的世界有我们在很安全，我们都在一起，并且我们会一起面对这个世界。”

那些必须一整天都离开家的父母可以把晚餐变成一个重聚的时间。“你今天做了些什么呀？我很想你呢！”将这段时间变得好玩，让每个人都有机会分享他们的经历。不要评价食物，也不要评价孩子有没有在吃东西。

共同理解的规则会成为仪式的一部分。“每个人都有机会分享我们吃的东西，没有开小灶，如果你不喜欢我们正在吃的东西，希望你会更喜欢下一顿饭。”如果每个孩子都期待父母为她开小灶，父母一定会后悔。此外也要清楚声明：“一旦你开始玩食物，你的这顿饭就结束了。”

很多家庭发现共进早餐难以实现。其实可以计划早起15～20分钟，这样你就可以和全家共进早餐，开启新的一天。为了帮助孩子准时出现在早餐餐桌上，可以提前一天晚上就准备好她第二天要穿的衣物。在她的床边放一杯橙汁，她在起床之前可以喝橙汁以帮她调整好状态。很多孩子起床时有低血糖，以至于会非常烦躁。在果汁提升她的血糖水平之后，她可能感觉更好，也会表现得更好。然后你可以通过共进早餐帮助她面对即将出发去幼儿园或上学而产生的分离。一顿营养均衡的早餐（比如无糖麦片中加入牛奶和水果，或加鸡蛋的吐司面包）当然也是解决早晨低血糖最重要的方法。但一家人也可以在一起分享这段时光，谈谈他们今天都计划做些什么。当早餐结束时，谈谈今天一天结束时，你们会在何时再次见到彼此。

那些从很小开始就帮着收拾和清理桌子、碗筷的孩子们会感觉他们是家庭事务承担者中的一份子。在周日早上可以让他们帮忙决定想要吃什么早餐，并且让他们帮忙一起来准备早餐。他们越是能够选择并帮助准备餐食，他们越是能将之体验为家庭的欢乐时刻。“这是你为我们所有人选择准备的，谢谢你！”

第三章 喂养的挑战与解决方案

永远不要把餐桌变成战场，把食物当成奖励或惩罚。

恰到好处的喂养

父亲与喂养

爸爸参与喂养好处多

当妈妈开始给宝宝喂奶时，爸爸一定会感觉被排斥在外了。他们想要成为对新生儿而言重要的那个人，这种愿望是珍贵的——尽管有时候他们会对此感到困惑。他们也许并没有意识到他们的父亲在他们的成长过程中也有这样的感受。对很多父亲来说，养育孩子和被滋养的愿望并不那么容易说出口。

多年以来的工作经历让我们开始意识到父亲参与儿童发展的积极影响，以及父亲在孩子心中占据的重要的情感位置，而且父亲完全有能力照料、滋养孩子。就如同女性在职场上寻找到自己的位置，父亲也在养育孩子方面探索着承担更积极的角色。如今，当男性在养育孩子方面肩负起更多责任，他们更有可能会受到尊重。尽管如此，一旦需要为宝宝准备食物或者喂养孩子，大多数爸爸依旧会扮演配角。

爸爸会有什么不同?

· 爸爸喂孩子使吃饭时间变得更好玩。他们会和孩子开玩笑:“你看,用你的嘴这样去碰勺子!”或者,他有可能会把装满食物的勺子伸到宝宝嘴里:“张大嘴,飞机要来了!”

· 爸爸可能会以不同的方式拿勺子,并且以不同的方式喂辅食,这样宝宝就学会了接受与吞咽这些辅食的不同方式。

· 爸爸会给宝宝一个杯子,然后自己用一个,以帮助宝宝通过模仿来学习。

· 他也许对于宝宝究竟“吃了多少”没那么多顾虑,这可以减轻进餐时间的压力。

· 当宝宝和全家人一起坐在餐桌上,爸爸可以开启有趣的对话:“你知道老虎爱吃什么吗?”

· 父亲不断参与到进餐时间中来也有助于提升孩子的自我形象:“我对爸爸如此重要,我是重要的!”

在2周大的时候,婴儿就能将爸爸的声音和脸与别的男性区分开来。她已经在努力了解爸爸了。并且到了2个月大的时候，她会知道爸爸是她生命中一个独一无二的人。当能够规律地给她喂奶，她就会知道爸爸的气味、爸爸的抚摸、爸爸抱着她的方式以及在喂奶时和她说话的方式。

在孩子每一个和喂养有关的触点来临时，爸爸都是一个积极的参与者。当你能够分担一些喂养孩子的责任时，也就让你的太太有了喘息之机，让她有机会向你表达和你分享照顾孩子的感受。最终，宝宝会因为你们彼此之间的分享而获益，她会在更加亲密的层面上“了解”你们两个人。

何时开始参与喂养

我会建议从一开始就让爸爸成为宝宝的喂养者之一。如果妈妈尚在建立自己的母乳供给，那么也许还不是时候让爸爸马上使用奶瓶给宝宝喂奶。但从一开始，他就可以以多种方式参与进来，比如把宝宝抱到妈妈身旁喂奶、在妈妈身边放一些靠垫让她喂奶时舒适一点等。到了宝宝3周大时，当妈妈的奶量充足了，爸爸就可以开始喂奶瓶（要么是挤出来的母乳，要么是配方奶），时间可以在晚上妈妈睡觉休息的时候。这样，宝宝就会渐渐习惯于两种不同的吮吸方式。如果时间再晚些（到了4～6周），可能宝宝就很难适应奶瓶了。

远离“意见人士”，坚定地去尝试

第一次给宝宝喂奶的爸爸很可能会觉得自己笨手笨脚、不知所措。宝宝同样如此，她可能早习惯于努力喝妈妈乳房中的奶。她可能会在用奶瓶喝奶时狼吞虎咽，同时吸进去大量空气。如果爸爸足够明智的话，在听见宝宝狼吞虎咽时，就要做好准备帮她拍嗝。可在喂奶的过程中给宝宝轻轻拍一下嗝，因为如果喝下去的奶下面还留存有空气的话，有可能会导致奶和空气一下子从宝宝的口腔中喷出。这样喂完奶之后，在最后一次拍嗝前先把宝宝的上半身支撑在30° 左右，保持15 ～ 20分钟，这样喝进去的奶更容易向下流入。

另外，还需要保护新手爸爸远离那些爱给意见的人：“小宝宝不是这样抱着的！给宝宝喂奶不是这样的！”没有人能抗拒纠正新手爸爸的冲动。爸爸需要内心强大，坚定地去尝试，以寻找到适合自己的方式。这也是你的宝宝啊！从反复的试验当中，你一定会学到很多东西。

了解宝宝也是一个不断试错的过程。犯错误是父母最终寻找到适合自己方式的必经之路。如果爸爸了解宝宝，也能喂养她，那么她就是个非常幸运的孩子。抱着她坐在摇椅上给她喂奶；把她放在你的腿上和她说说话，并表现出对她的喜爱。通过这样的方式宝宝也会开始了解你。

睡前奶

如无必要，不必喂奶

很多孩子需要一个“安抚物”，让他们能够在诸如夜间睡觉前与父母分离时拿在手中，用来替代父母的位置。一些孩子习惯于以这样的方式“使用”乳房或奶瓶，会衔着奶头或奶嘴入睡。奶睡这些孩子似乎是一种简便易行的方式。

但是宝宝口腔中残余的奶会导致蛀牙，甚至增加日后恒牙出现龋齿的可能性。切记：不要让宝宝在睡前喝奶、果汁或水以外的饮品。

· 如果宝宝睡前需要喂奶，那么要让她喝完奶后喝点水漱漱口。

· 如果她已经喝了足够多的奶，那么她并不需要出于营养原因在睡前喝奶。

· 她需要通过喝奶使自己平静下来。如果她在夜间需要把奶瓶作为“安抚物”抱着，那么可以给她一个空奶瓶，或者在里面装些水。也可让她在喝奶的时候抱着安抚物或小毯子，逐渐给宝宝断奶。过一阵子，她就能依靠安抚物而不是奶瓶来使自己在夜间平静下来。

吐奶

如何区分吐奶和呕吐

吐奶经常会和呕吐及胃食管反流混淆在一起。呕吐会有力地使食物喷出口腔，而吐奶只是流出来几滴。大部分婴儿都会在某些时刻吐出或滴下少量未被消化的液体（母乳或配方奶），特别是在喝完奶之后或拍嗝的时候。吐奶后，宝宝很少会哭。那些刚把宝宝抱在身上的父母的肩头会出现一块新鲜的奶渍，他们当下的慌张与压力可能远大于宝宝。但当宝宝呕吐的时候，大量未被消化的食物或配方奶会把四周弄得很脏，并且宝宝也会痛苦地大哭起来。

如果呕吐持续了一整天或更长的时间，很有可能是胃肠道感染或胃肠型流感所引起的，特别是当宝宝还发热的话。这时最大的挑战是帮助宝宝摄入足够的液体，避免脱水（参见本章内容“生病与进食”）。喂奶后呕吐或吐奶量较大，如果这种情形持续了较长的时间，那么这也有可能预示着胃食管反流（GER）等疾病，需要尽快联系医生以确认原因。

宝宝吐奶怎么办

很多把奶狼吞虎咽下去的宝宝很可能会在喝奶后吐奶，虽然看上去这些表现很像胃食管反流，但也许其中一些宝宝只需要放慢吃奶速度，并且在周围人的帮助下小口小口吞咽，喂完奶后让他们的上身撑起30° 左右，以让奶流下去。有些宝宝在7～9个月之前都有少量吐奶现象。

呕吐

可能是胃食管反流

胃食管反流（GER）通常出现在宝宝1岁之内，婴儿胃部顶端的环形肌肉（括约肌）还没有强健到能够使食物待在胃里而不反流到食管。因此，食物（通常是喂入的液体）刚从食管下降到胃里就又返上来了。宝宝会在喂奶之后呕吐或吐掉一大部分奶——通常会吐在你身上。那些吐出来的食物和液体看起来似乎已经部分消化了。当宝宝的胃食管括约肌功能还比较弱时，那些从胃里反流到食管中的食物通常含有胃酸。胃酸混杂着食物残余会令宝宝感到疼痛，因此他们每次喝完奶后都会大哭。

胃食管反流（GER）的信号

· 喝奶时频繁吐出许多东西

· 喝奶时表现痛苦，包括大哭或者弓起后背

· 喝奶时不断咳嗽或呛噎

· 喝奶后烦躁和易激惹

· 拒绝喝奶——身体弓起，把头转开

· 呕吐物或粪便中带血

· 体重无法增加，或者体重减轻

尽管胃食管反流的可能性很大，但医生也会排查这些症状背后其他一些可能的原因，特别是当这些症状比较严重的时候。

父母应该怎么做

这种情况下一定要让儿科医生知道你很担心宝宝吐奶或呕吐，并且向他描述你“怎么做会对宝宝有所帮助”。如果宝宝被诊断为胃食管反流，那么药物有时候可以减少胃酸，并且帮助胃部向着“正确的方向”让食物移动下去。

严重的胃食管反流会干扰宝宝的体重增加和发育，急需得到医疗介入。因为胃酸的存在，也有可能会导致食管溃疡；或者伤害肺部，因为胃内容物反流上升，然后从错误的地方“流下去”，比如顺着气管流到了肺部。由于这种情况所导致的疼痛及呼吸困难对婴儿来说如此不堪重负，拒食或生长迟缓都有可能会出现，让问题变得越发复杂。当宝宝被诊断为胃食管反流时，他们也可能会经历耳部和肺部感染。

如果严重的反流和痛苦持续存在，儿童消化科医生需要对宝宝进行评估。牛奶过敏可能是导致呕吐的原因之一。宝宝可能需要通过一些诊断性检查来确定病因，并且从中获得帮助，确认将来会采取何种更加有效的治疗方式。被诊断为胃食管反流的宝宝只有不到10%真的需要外科手术干预，但医生总会帮助你找到减少反流呕吐的方法。

如果你让宝宝趴着（要陪着她，确保她在趴着的时候是醒着的），或者让她仰躺着但头部抬高，可以同时和她玩一些安静的游戏，以防止她过于激动不安，不然会使得胃里的东西再次返上来。这种方式对大部分胃食管反流宝宝来说是有效的，并且括约肌也会随着时间慢慢成熟强健起来。

到了宝宝7个月大时，这种状况应该就开始慢慢消失了。到了9个月大的时候，会取得更大的改善，因为这时她在吃饭过程中及吃完饭后已经有能力自己保持直立姿势了。到了2岁大的时候，胃食管反流症状通常会永久消失。

父母可以做些什么？

· 每次喂完奶之后都给宝宝拍嗝（见第二章“新生儿”中的“拍嗝与打嗝”）。

· 在喂奶过程中和喂完奶后检查宝宝的体位，确保她在喝奶过程中上身以30°撑起，并且在喝奶后至少被撑起30分钟——有需要的话还可以更久一些。

· 不要让她直立坐在宝宝椅里，因为她会向前俯趴，与初衷背道而驰。

·让宝宝少食多餐，不断减少每顿的喂奶量，直到吐奶的状况有所好转。试着每次喂奶的时候少喂30～60毫升，然后观察这样是否有用。但是要确保喂奶的频率更高了，确保她每天摄入母乳或配方奶的总量还是和过去一样。

·有些医生会推荐加麦片使配方奶变得更加浓稠，以使其“待在胃里”。但要确保这种做法没有让奶浓稠到会结块并堵住奶嘴，或宝宝需要花过多力气才能把奶喝下去。然而一些研究显示，这样的做法并不会带来什么变化。

·医生可能会开一些药物来中和胃酸，并且促进胃排空，把食物都运输到肠道中，而非让它们返回到错误的通道上。如果反流非常严重，比如干扰到了宝宝的呼吸与发育，那么就需要认真考虑使用相关药物。

喷射状呕吐

可能是幽门狭窄

喷射状呕吐——这种呕吐如此强烈，以至于已经消化的食物都会从宝宝体内喷射出来，这种状况预示着一种更加严重的可能性，即幽门狭窄。幽门狭窄意味着胃部下方通往十二指肠（肠道的起点）的开口过紧，食物无法通过。这会导致喷射状呕吐，在喂奶后的10～15分钟时间里，使得那些部分被消化的食物从宝宝身体里喷射到几十厘米远的地方。这种类型的呕吐通常发生在宝宝3～6周大的时候，如果宝宝在这个月龄发生了多次喷射状呕吐，那么就需要及时联络儿科医生。

幽门狭窄并不常见，在男孩身上发生的可能性比女孩要大。这种障碍会干扰宝宝的体重增长与发育，因此如果宝宝被诊断为幽门狭窄，儿科医生会建议直接而有效的手术方式。喷射状呕吐永远需要认真对待并及时查找原因（亦可参见本章内容“反刍”）。

咽反射与吞咽问题

6个月第一次吃辅食时，所有的婴儿都有咽反射的状况。大部分宝宝会因为这个月龄依旧活跃的反射（挤压反射）而用舌头把勺子顶开。如果他们连续几天都有这样的反应，他们也许就是在告诉你他们还没准备好吃辅食。可以隔1周左右的时间再试试，看看这样的反射是否变得不那么活跃了。

但是，有些宝宝会在更早的时候出现咽反射和喷吐，比如当他们开始用奶瓶的时候。咽反射本身可能预示着过度敏感，也有可能是与吞咽有关的肌肉协调性差。

吞咽肌肉协调不好所致

吮吸通常是由三部分组成的：

1. 口腔前端的舌头进行舔舐；
2. 舌头后部对食物进行揉搓和牵拉；
3. 喉部对食物进行牵拉。

但对有些婴儿来说，这些不同的动作并没有同时运作，可能每个动作都是单独进行的，但这些单独进行的动作并不能吸进你的手指。事实上，你的手指有可能会触发完全相反的反应——呕吐或喷吐。如果出现这种情况，可以寻求儿科医生的帮助，使孩子顺利进食。

口腔和舌头过度敏感所致

一些婴儿的口腔和舌头有可能过度敏感——比如对触感、

质地或口味过度敏感。如果是这种情况，在让宝宝吮吸你的手指或喂奶之前按压她的唇部也许会有一些帮助，你甚至有可能需要用你的手指按压她的脸颊内部以及她的上腭，然后宝宝可能就会开始进行正常吮吸。但是要让你的手指远离她的喉咙后部，因为碰到那个部位会触发咽反射，从而导致她更不舒服而出现喷吐（参见“吐奶”“呕吐”“喷射状呕吐”）。

窒息

窒息是导致婴幼儿死亡的主要原因之一，但预防窒息的方法很多，父母要提前做好准备，在这种情况发生时及时施以援手。

可能导致窒息的食物

3岁及3岁以下儿童有可能会因为一些小物品或食物而窒息。有一些食物特别容易导致窒息，因此需要避免。这些食物通常又小又硬又圆，很可能会堵住幼儿的气道；也有可能是半固体或带黏性的食物堵在了食道里。对3岁及3岁以下儿童来说，应避免吃硬糖及口香糖、花生及其他坚果、带核或种子较大的水果（比如樱桃和西瓜）、生胡萝卜和芹菜、花生酱、热狗和大块肉。如果能确保孩子吃饭时安全地坐着而不是四处跑来跑去，也可以降低窒息发生的概率。

如何处理窒息

家长要防患于未然，提前阅读婴儿心肺复苏指南。你也可以去红十字会或地区医院参加相关的心肺复苏急救课程。在孩子8个月大之前，所有的父母都应该随手常备帮助窒息儿的简明方法，对此提前做好准备会让你心安。

如果孩子可以自己咳出呛噎的食物或物体，让她自己来。如果她无法咳嗽并且呼吸困难，但神志清醒，可以尝试下列措施。

·如果是1岁以内的婴儿，让她趴在你的前臂上，头朝下，并用你的手稳定地支撑她的头部与颈部。如果宝宝较重，你需要用膝盖来支撑住手臂。用另一手的掌根猛击孩子两侧肩胛骨之间的位置5次。如果她依旧无法咳出食物块或小东西，那么用你能活动的手和手臂放到她的背后，然后把她翻过来，让她仰躺着，支撑住她的头部和颈部，使其头低于身体。然后用两三根手指按压婴儿两乳头连线正下方之胸骨上，但不是在胸骨的最底端，最多按压5次。轮流交替使用这些背部拍击和胸部按压方法，直到宝宝咳出食物块或小东西为止。

如果孩子看起来失去意识没有了呼吸，试着轻轻唤醒她，然后摇她的肩膀。如果孩子没有反应，呼唤周围人打120寻求紧急救援，而你需要陪在宝宝旁边。如果周围没有别人，你需要自己打急救电话，但一定要待在宝宝身旁。不过在何种情况下，打完电话后就要开始心肺复苏术。

· 对1岁以上的孩子，如果意识清醒但无法说话或咳嗽，可以先使用海姆立克急救法。我们并不推荐在1岁以下的孩子身上使用这个方法。如果超过1岁的孩子看起来失去了意识，即使轻拍她或摇她的肩膀都无法使其醒来，那么就要寻求帮助，记住你要和孩子待在一起，然后启动儿童心肺复苏流程（在调整到合适的姿势时，进行人工呼吸；再调整姿势，再尝试人工呼吸。对失去意识的儿童，进行心肺复苏恢复意识后才可以使用海姆立克急救法）。

牛奶过敏

母乳是婴儿的理想食品，配方奶制造商的目标就是尽可能复制母乳成分。为了在母乳成分的基础上做更多改良，“强化配方奶”中加入了铁。有些婴儿无法耐受这些额外的铁，有可能会导致肠胃绞痛（在４～６个月之前，宝宝可以从自己体内红细胞储备中获取足量的铁。之后他们可能会需要比母乳中所含的更多的铁。母乳中的铁含量较低，而且含量多少易变。不过，喝母乳的宝宝对铁的吸收能力要好于喝配方奶的宝宝）。

母乳过敏很罕见

在罕见的情况下，婴儿可能会对母乳发生过敏反应，但这通常是由妈妈饮食中的某些食材所引发的。如果妈妈可以排查并去除这些“罪魁祸首”，那么这种状况通常就会消失。

乳糖不耐受不是牛奶过敏

一些婴儿无法吸收乳糖，这是一种牛奶中所含的糖分。这种情况被称为“乳糖不耐受”——这并不是过敏。一些对乳糖不耐受的婴儿可能长大后就能够消化这些乳糖了，因为那时他们的肠道已足够成熟，或者导致乳糖不耐受的肠道轻微感染已经痊愈。乳糖不耐受不会导致皮肤红疹或呼吸困难，因为这并不是过敏反应。它最主要的症状通常是腹泻、腹痛。

牛奶蛋白过敏怎么办

有很少一部分宝宝对牛奶蛋白过敏，并且无法耐受用牛奶制造出来的配方奶。这种情况被称作“牛奶蛋白过敏”。重复吐奶、腹痛、腹泻、红疹甚至呼吸困难都是宝宝对牛奶蛋白过敏而出现的症状，并且需要找到牛奶替代品。儿科医生可以帮助你选择。

如果换奶粉后的确让宝宝的过敏症状逐步趋于稳定，那么你就会知道，不能再给她牛奶或奶制品，直到她长大一些——通常是到了第2～第3年的时候。然后，观察有没有再次出现过敏反应。在当下，儿科医生需要确认所使用的配方奶替代品是否已经满足了宝宝婴儿期所需要的蛋白质、钙、脂肪和维生素。一些对牛奶过敏的婴儿也可能会对含大豆成分的配方奶过敏。如果宝宝对豆奶过敏，也有一些相应的替代品可以选择。

如果婴儿对牛奶蛋白过敏，那么她更有可能会对其他一些食物过敏，所以要慢慢来。在孩子1岁之内，避免那些最有可能导致过敏的食物，比如鸡蛋（特别是蛋白）、坚果、大豆、橘子和其他柑橘类水果、巧克力、贝壳类、玉米和小麦制品。

牛奶蛋白过敏信号

· 频繁吐奶、呕吐。

· 腹痛（或肠绞痛）的各类信号，如频繁哭泣，特别是在每次喂奶之后；易激惹；难以安抚。

· 腹泻、带血粪便——当然，也有可能是其他原因导致的，需要接受医生的排查。

· 鳞状皮疹（特应性皮炎）通常在孩子6个月大的时候出现。

· 荨麻疹（风团）：皮肤上出现的大片凸起的红肿。

· 呼吸困难、水肿（特别是口腔和喉咙）、嗜睡——这些都是严重过敏反应的信号，需要得到医生的即刻处理。

如果怀疑牛奶过敏怎么办

1. 如果孩子出现呼吸困难，需要立刻打120求助。

2. 和医生讨论那些令你担心的牛奶过敏症状，医生会帮助区分到底是牛奶蛋白过敏还是乳糖不耐受，因为这两种情形的治疗方法不同。

3. 询问医生是否要停止使用牛乳配方奶，转而尝试使用以大豆为原料的配方奶。但是，一些对牛奶蛋白过敏的婴儿也会对大豆配方奶过敏。乳糖不耐受的宝宝则可以转而使用无乳糖配方奶。

4. 如果你想要确认牛奶的确是过敏问题的根源，你可以和医生谈谈是否要渐渐让孩子再次尝试小剂量的牛奶——在她从早期的过敏问题中恢复之后。如果相同症状再次出现，那你可以确定牛奶就是罪魁祸首。但如果宝宝出现任何严重的过敏反应症状，比如湿疹、呼吸困难、水肿或嗜睡，则千万不要再进行这些尝试。

5. 长大之后，有些孩子能够开始自如地消化牛奶相关制品，但是在让孩子再次尝试牛奶制品之前，先要和医生进行确认。

食物过敏

婴儿期是识别孩子对食物是否过敏的最好阶段。这个阶段之所以相对容易识别，是因为你可以每次都谨慎地只添加一种新的食物。

湿疹是过敏反应的信号

皮肤红疹通常一开始出现在脸上，或在手臂、腿部和颈部褶皱部位出现——如果发展成了干燥、鳞状的"湿疹"，这是过敏反应的信号。孩子出现这样的红疹时父母们就需要重视了。

对牛奶的过敏反应可能在添加辅食前就会出现，通常是在４～６个月大的时候。食物过敏也有可能伴随着辅食添加而出现。因此，每次只添加一种新食物，这样如果宝宝真的出现了如皮肤红疹这样的过敏反应时，你就能知道到底是哪种食物导致了过敏反应。查看婴儿食品标签，确保其中没有别的成分或添加剂。例如，可以从简单的单一成分的米粉开始，不要含有其他任何的混合物，在尝试另一种新食物之前，先给宝宝3 ~ 5天的试验期，然后开始添加水果或蔬菜，每次只添加一种。到宝宝7个月大时再添加小麦制品，届时你可以让宝宝拿着一片面包皮吮吸一下。为了防止过敏，如果必须要避免食用一些很基本的食材，比如鸡蛋，那么你的儿科医生会考虑给宝宝补充维生素和矿物质（比如铁和维生素D），并且帮助你为宝宝制订营养平衡的膳食方案。他们可以和你讨论决定要不要以及何时（通常是在12 ～ 24个月的时候）可以再次试试某种食物，看看宝宝是否因为长大了而不再对那种食物过敏。

花生过敏可能会持续一辈子，并且会导致一些特别严重的过敏反应。在任何情况下，花生和花生酱对3岁以下的孩子来说都是不安全的食物，因为它们也有可能会引起窒息。很多食物中含有花生制品（包括花生油），如果宝宝在3岁之前吃这些东西（相比其他食物）更有可能会导致过敏。

发现宝宝食物过敏怎么办

如果宝宝的确在你添加某种新食物后的2周内出现了食物过敏的迹象，那么就要去除这种食物。你需要记录下所有导致宝宝过敏反应的食物。如果宝宝患上湿疹或哮喘，你就要让她远离这些导致过敏反应的食物。如果还存在其他因素，比如重感冒或接触花粉，那么还可能会发生严重的哮喘。

如果你可以去除那些哪怕只是导致轻微过敏反应的食物，这种叠加过敏反应就不会发生。尽早注意这些过敏反应非常重要，毕竟孩子早期的膳食结构还没有那么复杂。所以要避免食品添加剂和混合食物，因为当孩子出现过敏反应的时候，这两种情况会使人难以确定究竟是什么东西导致了过敏。

有些人认为，一些特定的食物（比如含麸质的食物）或食品添加剂可能会令一些孩子难以耐受，有可能会导致多动症或其他类似于注意缺陷多动障碍（ADHD）的症状。如果的确如此，那么这些症状也可能意味着孩子对某些食物存在潜在的不耐受。

营养需求

不同年龄段营养需求大不相同

孩子的营养需求会随着他们的年龄增长而变化，他们有几个快速增长的高峰期。例如，相比童年的任何其他阶段，出生后的第一年生长得更快：体重增长200%，长度增长55%，头围增长40%！接下来是青春期和青春期早期，其生长速度再次令人惊叹。意料之中的是，孩子们在这些快速生长阶段的饮食需求会变得格外高。

在出生后的第1或第2周，新生儿忙着适应周围的新环境，他们的体重会有所减轻。之后，他们的体重重新开始增加。当然，和大孩子相比，小婴儿们看起来吃得并不多，但他们吃得更频繁，并且以他们的体重为参照物的话，他们实际上比大孩子吃的要多得多。和食物有关的冲突为何在孩子1岁之后变得普遍起来，其中一个原因是孩子的生长速度开始放缓，而父母们通常没有意识到孩子已经没那么饿了，也许并不需要像以前一样吃那么多。

但是，这种生长速度的放缓也有底线。尽管宝宝在1岁的时候生长放缓了，但运动水平却在提高，学步儿需要投入大量能量进行爬行、站立和行走。

在青春期前期，所有的父母都会意识到食物消耗高峰的到来：买菜的开销变大，冰箱爆棚，孩子似乎日长夜大。

饥饿感是孩子饮食需求的指南

对大多数孩子而言，饥饿感是决定他们饮食需求的最好指南。当膳食不均衡，他们摄入了过多的单一营养素（例如，苏打水和其他糖类，或者饱和脂肪）而其他营养素摄入不足，饥饿感也会消失。这些提供单一营养素的食物可能会使他们觉得饱了，但对他们的生长发育并不利。如果你不太确定孩子的饮食需求，或者担心他们的长势过慢，那么就需要儿科医生的帮助。医生会检查孩子的体重、身高和头围，寻找到其发育迟缓的医学原因，也有可能会把你转介给营养师以帮助你确定孩子实现健康成长所需的饮食要求。

推荐给孩子的均衡饮食

当然，孩子需要蛋白质、脂肪、碳水化合物均衡的健康饮食。蛋质类有鱼类、鸡肉、豆类、豆腐和红肉；脂肪类有植物油，肉类、奶制品、鱼类和谷物中的脂肪；碳水化合物类有全麦面包、意大利面、大米、某些蔬菜、水果和乳制品。

美国农业部制定的最新一版食物金字塔中，下面是推荐2～6岁的孩子每日食用的各类食物的量。

· 谷物（面包、意大利面、大米等），6份

· 蔬菜，3份

· 水果，2份

· 牛奶，2份（一天最多480克）

· 蛋白质（肉类、豆类、鸡蛋等），2份

· 脂肪和糖类，少量

但上述每份的分量取决于孩子的年龄。4岁孩子1份典型的量是半杯牛奶，或1个鸡蛋或30～60克瘦肉，或80克大米或麦片，或120克沙拉，或半个香蕉或苹果。

同时孩子也需要健康均衡的维生素、矿物质和微量元素。实现这一目标的最佳方式是给孩子提供各种各样的食物。随着孩子的成长，她所需要的均衡营养也在不断变化。在婴儿期，宝宝最可能出现维生素D缺乏和铁缺乏。在儿童后期，孩子通常会缺钙。许多实用的书提供了孩子生长发育过程中不同阶段的营养需求等详细信息。和儿科医生讨论一下你的孩子膳食是否营养均衡。对大多数孩子而言，服用多种维生素补充剂并没有什么必要，并且有些维生素和矿物质在过量摄入的情况下甚至有可能是危险的。

生长迟缓

何为生长迟缓

生长迟缓是一个非常宽泛的概念，用来指婴幼儿没有获得充分的饮食或生长。

生长迟缓是一种严重但并不罕见的疾病，通常始于生命的第一年。受此影响的孩子体重会低于同年龄组正常体重5个百分点，并且体重增长的速度更慢。如果这种状况没有尽早得到有效治疗，其生长就会放缓，而且营养不良也会干扰大脑发展。

这种状况之所以发生有很多可能的原因。有些婴儿看起来吃喝正常，但并没有按照正常情况生长，他们的身体可能出现了一些问题，干扰了消化系统对营养物质的吸收。有时候感染也是一个原因，还有一些并不常见的疾病也会干扰其生长，包括囊性纤维化、镰状细胞性贫血、甲状腺功能减退症、心脏病、肾病等。

进食量不足引起的

有些生长迟缓的婴儿在进食量上是不够的，可能的原因包括：对食物的口味或质地过度敏感；过度敏感的咽反射会使他们吃东西时发生呛噎，从而害怕进食；吞咽时舌头和喉咙肌肉难以协调；胃食管反流。

心理原因引起的

如果宝宝进食不佳，也有可能是因为心理原因。亲子互动会对婴儿进食产生影响。父母们一定会因此自责，但实际上这并不是任何人的错。进食问题最早的原因可能是因为某些身体疾病所致，父母在一开始可能并不会意识到这点。例如，一个患有胃食管反流的婴儿可能会把吃奶和胃酸反流带来的疼痛及害怕窒息的体验联系到一起，她可能会以拒绝喝奶的方式来避免经历这些痛苦。父母总是焦虑于孩子喝多少奶，并且极有可能会把他们自己的情绪加到宝宝的头上，甚至无视宝宝的绝望把奶强行灌给她。恶性循环就这样形成了，而宝宝只会更加抗拒食物。当这些状况发生时，父母需要和儿科医生通力协作，降低这些冲突并帮助孩子实现正常生长。

医学原因引起的

有些生长迟缓有可能由医学原因引起，例如吸收不良或食物反流，这种情况下给宝宝进行医学检查评估是必要的。儿科医生会排查患儿是否有感染、吸收障碍综合征等。医生甚至有可能会让孩子在医院里住几天。如果经过这些检查并没有找到导致营养不良和生长迟缓的原因，你和你的医生需要确认是否考虑到了一些更加罕见的可能性，比如上文中所提及的疾病。

宝宝生长迟缓怎么办

生长迟缓的治疗方法取决于查找到的病因。有时吞咽问题或口腔过度敏感并不十分明显。有时候孩子和父母都被某些恐惧所吞没了，这些恐惧对喂养过程造成了极大干扰。处理这种情况通常需要专业人士以团队的形式协作来完成——一位儿科医生（有时候是小儿胃肠病医师）、一位营养师、甚至一位熟知喉咙及口腔肌肉运行障碍的语言语音学家，以及一位精神健康方面的专业人士（社工、心理学家、儿童精神科医生），以帮助宝宝和家庭克服既有的喂养互动模式。父母们需要寻找到适合自己宝宝的独特喂养方式，并且留心宝宝在喂养互动中是否表现得更自在了。

超重

超重儿童似乎已经成为现在美国的流行病——约有20%的儿童属于肥胖。如果一个孩子比与其同身高或同年龄组健康儿童标准体重高出20%，就属于肥胖。肥胖也可以被定义为使其幸福和健康遭遇风险的体重水平。

超重儿童会饱受被嘲讽戏弄的折磨，并且导致低自尊。他们也可能会避免或无法在体育锻炼中取得成功，还会导致其童年出现各种医疗状况（高血压、高胆固醇血症、睡眠呼吸暂停、关节问题等）。这些问题和其他一些疾病在其成年期出现的概率更高，比如癌症、糖尿病和心脏病。儿童期肥胖是成年期肥胖的主要风险因素。

饮食及运动原因

基因在肥胖问题上扮演了重要的角色，所以超重父母的孩子有更高的肥胖风险。但在美国，孩子们也因为快餐和加工食品而面临着更高的肥胖风险，这些食物中包括许多不健康的脂肪、糖、过高的盐，而孩子必要的均衡营养完全无法通过这些来获得。健康食品通常含更多的纤维和蛋白质，电视广告和连锁快餐店里并不会宣传这些食品，并且它们可能会更昂贵。令人难过的是，在美国家庭最贫困的儿童却因此面临着最大的健康风险。

除了不健康的饮食之外，还有我们的“沙发土豆”文化（指长时间坐在沙发上，边看电视边吃垃圾食物），电视、电子及电脑游戏、互联网剥夺了人们身体活动的时间。当我们的田野和森林更多地被商场、住宅所取代，当儿童安全步道被高速公路所覆盖，更多孩子失去了户外运动的权利，只能待在家里面对电视机。

心理原因

对有些孩子来说，还有一些因素导致了超重。比如一些孩子可能会通过吃东西来安抚自己，特别是当他们未学会使用其他方式来安抚自己的时候。一些孩子可能从未学会感受饥饿或饱腹的信号。可以想象，在那些从没有学会和一家人共享愉快用餐时间，而是对着电视吃饭并一整天都不断吃零食的孩子当中，超重情况会更普遍一些。当用餐（以及零食）时间出现在规律的、可预测的时间段，并且有一个清晰的开始、中间过程和结束——例如先吃沙拉，再吃主菜，最后吃甜品——那么孩子才更有可能学会如何对待自己的胃口。如果你对孩子的体重有所顾虑，要让你的儿科医生尽早知道。不管是不是超重，儿科医生都会在每次常规儿保检查时监测孩子的生长（体重和身高）情况。在2岁以内超重的儿童将来更有可能出现肥胖。同时也需要考虑一些并不常见的导致超重的医学原因，比如激素紊乱。抑郁有时候也会导致体重增加。

很多孩子在正式进入青春期以前体重会增加，除非增加的幅度过大，不然父母不需要对此感到担心。这个年龄段的孩子通常对自己的外貌极其敏感，父母对其身体变化的反应可能会令孩子极其不安。所以不要评论孩子的外貌变化。如果你对其体重有所顾虑，可以在常规儿科检查的时候悄悄寻求儿科医生的建议。如果孩子自己有顾虑，倾听她的想法，让她知道你能理解这样的状况会令她困扰，同时也让她知道这种变化是正常的，你并不会对此感到担心。

孩子超重了怎么办

·在孩子2～3岁之后，你可以将全脂牛奶制品换成低脂牛奶制品。

· 避免油炸食物。尽量使用低脂高蛋白食物，比如鸡肉、鱼肉、豆类和红肉。但低脂食物也可能含有很高的热量——以碳水化合物的形式出现——并导致体重增加（比如果汁、含糖麦片和糖果）。

· 把果汁特别是那些高糖高热量的瓶装果汁换成清水。

· 相比那些加工或袋装食品，新鲜水果和蔬菜的纤维及维生素含量更高，对超重儿童而言更健康。

· 全麦面包和意大利面、糙米和类似的食物比精制面粉所做的食物要健康得多。

· 当一个孩子摄入的热量高于她消耗的热量时，体重增加就是必然的。在关注超重儿童的饮食时，一定要增加其体育运动以实现平衡。

· 和孩子步行或骑自行车（要戴头盔）去学校，而不是开车去学校。

· 派各种各样的差事让孩子做，比如让孩子帮忙在家里和院子里做各种体力家务活。

· 鼓励孩子参加校内或课后的体育活动或舞蹈训练，尽管你可能需要花额外的时间帮助她学习一些基本技巧，如果她过去一直在逃避体育运动，那么会错过学习这些技巧的机会。但要确保这些做法并没有变成一种负担或冲突。应让孩子参与决定她想要参加什么体育活动。

· 关注的焦点应该是健康，而非外貌。

· 尽可能抱着实事求是的态度对待这些选择，如果可以的话，让这些选择变得好玩！

如果你因为孩子超重而给她一些建议，且这些建议令她受伤，那么她可能没兴趣听你的。这时可以从倾听她开始，而不是先谈论你的担忧。孩子在学校可能会被欺负，她可能不能像别人那样跑得很快，她会对穿加大码的衣服感到尴尬等。当孩子和你诉说这些担忧时，不要告诉她这是因为她超重了。相应地，可以询问她："你想要试试这么做吗？"如果她说不，那么简单回应："如果你什么时候想试试看，总有一些方法是有用的，在你准备好的时候告诉我就行。"如果孩子并没有做好准备，那么就没有什么理由去逼迫她——那样是没用的。此刻，保持倾听；限制垃圾食品、电视和电脑时间；试着自己示范什么是健康饮食及保持锻炼。这些方法适用于所有家庭成员，以免对超重的孩子产生消极影响。

但如果孩子表示自己准备好了，那么可以问她："你会不会想了解怎么吃东西能让你更享受且更健康？你想不想了解哪些食物最好少吃一点？"向她保证你知道她需要吃东西，并且她不需要在自己感觉饿的时候不吃东西。当你开始帮助她时，需要不断确定她掌控着主动权，而不是你。父母甚至可以建议："如果你喜欢的话，我们可以给你找一个锻炼项目。"这方面的选择包括儿童健身项目或童子军俱乐部。一些孩子会更想要和专业人士进行训练，而非和家人进行训练。

如果你可以帮助孩子发掘她自己面对和应对这个挑战的动力，她就更有可能会成功。要小心，如果她觉得这是你的决定而非她自己的，她就有可能出现饮食更加无度——这真的是个恶性循环。

挑食

有的孩子味蕾格外敏感

有些孩子的味蕾格外敏感，这会妨碍他们吃下父母所提供的平常食物。父母可能会想："别的宝宝都会吃那些为他们切好的东西，但我的宝宝不吃。她到底是在试探我，还是真的有什么别的原因？"我建议你先避免那些宝宝特别敏感的食物和口感，相应地，可以采用其他一些营养价值相近的食材。在她长大之前，就别惦记那些她拒绝吃的食物了。当她试着学习自己吃饭时，我们没有任何理由去激发她进行更多的反抗。

有的孩子用挑食对抗父母

很多孩子会通过成为挑食者来回应父母逼其进食的压力（直接的或间接的）。在第2～3年的时候，挑食则是他们试探父母的方式。挑食的孩子可能会说，"我不吃那个，给我一个花生酱三明治。"他们会抗拒父母提供的所有食物。但那些想要取悦孩子的父母总是向这样的"把戏"妥协，并且不能建立起她所需要的界限。父母也许可以说"我们今晚就是吃这些东西"，而不是忙着为她去准备其他食物。如果孩子想吃其他相对健康的食物，父母可以这样回应："这个主意真不错！我们下次吃那个。"但不要为了挑食者在当下改变菜单，她有可能也不会吃那些你后来为她提供的东西，并且她知道如何让你上蹿下跳。

如果父母能规律地提供多种多样的食物选择，并且不强迫孩子吃任何一种，那么这就是预防挑食行为的最好方式。渐渐地，哪怕是挑食的孩子，也会接触到各种各样的食物，而没有压力的人更有可能对它们产生兴趣。

拒食

何为拒食

任何想要避免吃掉某些东西的行为称为拒食。拒食有可能会以"绝食抗议"的方式持续好几天，或者在不同阶段不断出现，也有可能是每顿饭孩子都会拒绝一些特定的食物——要么是每次都拒绝相同的食物，要么是不同的时间拒绝不同的食物，有时候拒食甚至还包括藏匿、丢弃或扔掷食物。所有这些状况都会令父母不安，毕竟对他们而言，最重要的责任之一就是养育孩子。

孩子吃什么必须由她自己来选择。不过，父母可以通过选择提供何种食物以及选择向孩子示范饮食习惯，来为孩子的选择奠定基础。尽管父母会决定每顿饭给孩子提供食物的种类与数量，但他们无法逼迫孩子吃掉那些东西，吃什么以及吃多少无疑是孩子自己的决定。当孩子做出这些选择时，父母要尽可能地退让一步。

拒食的可能原因

尽管拒食很有可能是因为孩子在对抗父母逼迫自己进食的压力，有时候也可能存在其他原因。这些原因包括对特定味道或口感的过度敏感、过度敏感的咽反射、吞咽困难导致的呛噎，或者任何让孩子把进食与痛苦联系到一起的消化道问题。孩子对食物的任何负面体验，特别是那些极度痛苦或重复出现的负面体验，都可能会导致她拒食（参见本章“吐奶”“呕吐”“喷射状呕吐”“咽反射与吞咽问题”）。

一定不要逼孩子吃东西

孩子一定会反抗父母逼迫自己进食的压力，这种压力有时候显而易见，有时候则比较微妙，甚至父母自己都可能没有意识到。不管父母是否有意为之，这些压力从来都不会奏效。我建议父母重新考虑他们自身与食物、吃饭时间、进食过程有关的童年阴影，并且能在不牵扯到孩子的基础上去重新处理那些回忆，不然的话，父母本身可能会成为孩子出乎意料的拒食原因之一。"吃掉你的蔬菜——就吃一口，你会喜欢的。""看妈妈是怎么吃饭的——你长大了就会和我一样——像我这样吃就好了呀。""把你碗里的东西吃完！"所有这些话最好不要对孩子说。

在一些充满挑战的阶段（比如在孩子两三岁的时候），吃饭时间意味着需要父母的极度容忍。如果父母足够耐心，孩子到了4岁的时候，他们会开始模仿爸爸妈妈的餐桌礼节、进食习惯和均衡的食物选择。

乱扔食物

差不多到了9～12个月大时，宝宝会在你给她过多食物的情况下开始乱扔食物。或者即使你没有那么做，她也会那样。其实可以在宝宝的餐椅下垫一块大的防水布，以免弄脏地板。

每次只在她面前放两小块食物也许是管用的。如果宝宝饿了，那么在面对每次只有这么两小块食物的情况下，她更有可能马上把它们放进嘴里。当孩子吞下这些食物的时候，可以在她面前再放两小块。此刻先不用太过关注她在这个过程中的一举一动。如果你那么做了，可能就是在无意中鼓励她反抗。当她开始玩弄那些食物并且把它们扔到椅子周围时，把她抱下来，用尽可能实事求是的语气对她说："这顿饭结束了——下顿饭再吃。"

当孩子拒绝或扔掷食物时，你的反应不要过度，一句平静坚定的陈述性话语会更有力量。孩子很快就会学到，如果她想要吃东西，她最好真的把食物吃下去，而不是扔掷食物。让她知道，一旦开始扔掷食物，这说明她在向周围人传递自己已经吃饱了的信息。

餐桌礼仪

通过模仿大人学习餐桌礼仪

孩子的餐桌礼仪主要是通过模仿年龄较大的孩子和成年人而学会的，但不要指望孩子在四五岁之前就能学会这些。但是父母依旧需要从一开始就起到示范作用——总是示范那些他们希望孩子模仿的礼节。当父母接过半块湿软的曲奇时说“谢谢”，他们已经是在鼓励孩子意识到这样的反应是意料之中的。但是，当被要求说“谢谢”时，2岁孩子很难自主回应，除非他们是在模仿大人。

礼仪养成需要循序渐进与反复练习

3岁孩子可能会试着说“谢谢”“你好，外婆”，或者在桌上使用勺子或叉子，但她也很可能会将它们扔到地上来戏弄你。她也许偶尔会说“谢谢”，然而下一次就支支吾吾的。不要指望这个年龄段的孩子从一而终，耐心地重复练习才是秘诀。如果你的期望过高并因此而发怒，你就是在把礼节变成一种麻烦或压力，而不是让孩子在她的世界里表达尊重、对自己及他人的理解并最终赢得周围人的青睐。

到了4岁的时候，孩子开始意识到并开始衡量自己对周遭世界产生的影响。到了四五岁的时候，她会意识到礼仪的确很重要，并且会让周围人都赞许认可她。她会开始尝试。偶尔她会使用餐巾；她会用刀来切割食物；她会开始使用叉子，尽管可能依旧有一两次会用手指吃东西，或许用手掰开胡萝卜会比用勺子吃更好玩一点。礼仪意识正在形成中。

到了6岁或更大的年纪，我期待这个年龄段的孩子是懂礼貌的，尽管重复与耐心依旧是需要的。也许你甚至可以让孩子提前知道你对他们有怎样的期待。例如，“当我们和朋友们一起吃饭时，你需要在离开餐桌前和大家打声招呼。”但是压力会剥夺孩子想要自己获得社交成功感的内在动因。

食物与奖惩

不要用食物来奖惩

在处理充满挑战的孩子的饮食习惯时，不要采取奖励或惩罚的方式，也不要在其他和立规矩相关的事宜上把食物作为奖励或惩罚的对象。当食物以这样的方式被使用，它就失去了作为生存元素和愉悦来源的意义，进餐时间也失去了其作为一家人积极互动时间的意义。严重的进食问题是一种糟糕的结果。例如，当父母说：“如果你不乖就不能吃甜品了”，那么当孩子因为一些深层次原因想要自我惩罚时，就会把自己挨饿视作一种惩罚方式（或者父母那样做可能使甜品看起来更吸引人了）。当父母说：“如果你很乖的话就可以再多吃一份。”那么当孩子需要更多的爱与认可的时候，他就会以过度饮食的方式来寻找这种感觉。

吃什么、何时吃、吃多少都应让孩子做主

你的角色是决定给孩子提供怎样的食物以及提供多少食物。你可以在进餐时间营造出愉悦的氛围，但你不能逼孩子把食物放进嘴里，也不能逼她吞下去。毫无疑问，吃什么、何时吃、吃多少，这些都应该是孩子自己的决定。如果你试图以贿赂或惩罚的方式逼迫孩子进食，你会是最后的输家。

即使当孩子在1岁之内学会了和你愉快地共同进餐或喝奶，她依旧有可能会在第二年开始变得叛逆并且进行各种试探。但如果你做好了心理准备，并且能够和她一起享受这个过程的话，那么就能顺利度过这个阶段。幽默感是你最好的防御。

允许宝宝试探你。要确定她是否获得了充足的营养是一件相当简单的事情（参见本章“营养需求”内容）。吃饭意味着温暖与快乐的时光，而不是一场折磨。

别让甜品成为斗争焦点

是否可以把甜品作为奖励给吃饭吃得好的孩子，并限制那

些吃得不够好的孩子吃甜品？不。甜品是一顿饭的结尾，是结束一顿饭的方式，而不是一种奖励。把甜品变成奖励会使其看起来比孩子必须要吃的食物更吸引人！给全家人提供同一种类的甜品，这样甜品就不再是某种奖励或惩罚。

一些类似于糖果的加工甜品看起来格外吸引人。伴随着电视广告的轮番轰炸，这些甜品看起来令人难以抗拒，并且会让孩子接近情绪崩溃的边缘——他们会因为自己的要求无法得到满足而陷入无法抑制的暴怒中。如果甜品成了斗争的焦点，那么就需要更富有营养的其他食物所替代——水果、酸奶、冰激凌（如果孩子体重需要控制，那么要用低脂的）等食物。但不要使健康食品看起来像是一种惩罚！如果那些重口味、高糖高脂的甜品，比如圣代、奶油蛋糕、曲奇或布丁等，孩子从来没有接触过，并且只有在特殊场合（如生日派对）才会出现，那么你和孩子会远离很多矛盾。她可能会让你感觉到自己剥夺了她很多东西，不用担心，你并没有，并且她会逐渐调节适应的。

电视与饮食习惯

永远不要边吃饭边看电视

任何一个给对着电视的孩子喂饭的父母都是在给未来制造问题。父母可能会抗议说："但电视吸引了她的注意力，并且她吃得更好了。"也许的确如此，但食物和电视最好是分开的两件事情。

因为电视带来的刺激过多。如果孩子在吃饭时需要分散一些注意力，那么通过和你聊天的方式来分散注意力会更好一些。孩子需要在安静和放松的氛围下进餐，这样她可以有机会去关注自己的身体感受，到底是饥饿的还是吃饱的。如果孩子意识不到自己已经吃饱了，并且只要她最爱看的电视节目还在播放就会不停地吃东西，这样她也面临着超重的风险。

把电视和吃饭分开

· 完全禁止电视（或垃圾食品）并不是长久之计。

· 更为长远的解决方案，比如体育活动、游戏和其他一些比电视更吸引人的活动要在家庭中进行。

· 那些没有依赖电视而长大的孩子发现大部分节目和广告并没有他们成长过程中习惯做的那些事情好玩。

· 在你准备晚餐时，让孩子成为厨房里的帮手，或者帮忙摆餐具，而不是让电视成为他们的保姆。

· 如果你必须要有电视机，那么家里只能有一台，也许是质量不那么好的一台，信号的接收也有些不稳定，这样看电视似乎就不那么好玩了！把电视机放在全家人不怎么待的房间里——永远不要放在餐厅里或孩子的卧室里。

· 永远不要边吃饭边看电视。只有在用餐时间和规律的零食时间才可以吃东西，并且只能在厨房或客厅的餐桌上吃东西。当用餐时间、地点都是固定的，你会高兴地发现保持整个房子的整洁似乎变得更容易了——但你的狗狗也许并不会为此高兴！

· 不要对看电视采取太过刻板的态度。与其彻底禁止孩子看电视（可能有些家庭中能做到，但在另一些家庭中会导致战争），还不如一起看一些精选出来的表演或电影。

即使没有边看电视边吃东西，电视也是孩子身心发展过程中父母最大的“竞争者”之一。如果看电视的时候还要吃东西，那么你更难以让孩子改变这样的行为模式。如果孩子习惯了在看电视时吃饭，他们也一定会在看电视时开始习惯吃零食。在非常规点心时间一会儿吃吃这个，一会儿吃吃那个，这样的方式会干扰孩子的正常饮食，也会导致肥胖的发生。

看电视的时间也替代了那些本该用来进行体育锻炼的时间，这也是造成肥胖的另一个风险因素。电视广告会诱惑孩子们冲向那些从电视上看到的垃圾食品。儿童期肥胖及以后因肥胖而致的相关疾病，如高血压和糖尿病，这几乎已经成为美国的流行病，而电视是罪魁祸首之一。被动地持续看电视，伴随着高热量低营养的垃圾食品，以及被打乱的进餐时间，这些都会对孩子造成重大的健康威胁。所以不要让他们边吃饭边看电视！

边吃饭边看电视也剥夺了一家人坐在一起吃饭的体验。如果失去了现在这些沟通的契机，等孩子们到了青春期就更可能拒绝和你沟通，所以尽可能让进餐时间充满愉悦与享受。不要强调孩子的进食量，更关注全家在一起的美好体验，长久来看这会产生更多好处（参见第三章“超重”以及第二章

“4 ~ 5岁”“与家人共同进餐的社交意义”）。

带着孩子一起买菜做饭

在采购食物中学习

当孩子可以和父母一起采购食物时，她可以学到很多东西。这是一个分享家庭及文化传统的好机会。“我们不吃猪肉或培根。”“我们需要一些米饭配豆子吃。”你甚至可以帮助孩子学习颜色（蔬果的颜色）和数字（我们该买几块曲奇呢？）。你可以在买菜的过程中帮她做好识字的准备。当你停下来阅读标签做出选择时，孩子会意识到书面语言的力量。她也会意识到你对于吃进自己和他人身体里的食物是极其谨慎的。

这也是一个让你平衡垃圾食品广告效应的机会。这个过程并不需要通过讨论垃圾食品而发生，而是让别的食物看起来更有趣。“我们可以用这个新鲜好吃的全麦面包给你做三明治吃。”“如果我们买那些带皮的豆子并且一起把皮剥掉，它们吃起来会比那些罐装或冷冻的豆子更新鲜。”然后让她有机会去比较不同的口感。

当她和你一起去逛菜场时，让她帮忙寻找某些食物。“你可以帮助我找到我们喜欢吃的西红柿吗？”这是一个向她解释何种食物对她的身体最好及其原因的绝佳机会。这些食物是用来做什么的？但要让这个过程轻松有趣，并且对孩子要有耐心。不然的话，食物会变得过于严肃，成了一种负担而非愉悦感的来源。做好心理准备，她可能会比你更早想要离开菜场，可以给她带一个小玩具或一本书来吸引她的注意力，以使你完成买菜过程。

不要用结账台附近的糖果来贿赂她，这会开一个不好的先例。对孩子而言，你仿佛是在表达：“如果你想吃糖，只要发牢骚或大发雷霆，这样就会有用。”相反，你要让她知道“采购食物是我们必须要做的工作，我需要你的帮助，这样我可以时不时询问你的建议”。让她带一个小小的零钱包，然后选一些水果或饼干在结账时自己付钱。这样她就能够学习了解什么是钱，并且能够从四五岁开始计算找零。

力所能及地参与做饭和整理

之后，试着让她对一起准备食物感兴趣。你可以向大孩子展示如何在平底锅里给松饼翻面（确保孩子知道只有在大人在场的情况下才可以烹饪）。让她为最喜欢吃的食物准备调味料，或者剥开生菜，或者切香蕉片（用一把不会割伤她的钝刀）。可以在很早的时候就让她以安全简单的方式参与进来——至少等她2岁的时候。让她帮忙摆餐桌。如果碗碟需要清理，她也可以承担起这项工作（可使用塑料盘子和杯子）。孩子成了忙碌的家庭“工作”中的一部分，并且会为自己能够参与并帮忙的新本领感到骄傲。

食物可以使一个家庭紧密相连。孩子在最初几年可以参与到这个过程中，会让他们体验到家庭中的团队合作多么令人愉快。

垃圾食品

垃圾食品无处不在——它们在超市和便利店里堆得高高的，甚至在杂货店和加油站也到处可见，它们在孩子等待大人结账买单的时候出现在收银台附近不断诱惑着他们；在快餐店和各种社区商场里，都为垃圾食品竖起了高高的招牌；在电视中，不断出现垃圾食品广告。有时候，垃圾食品甚至伪装成“健康的”“低脂的”和“纯天然的”食物。

让孩子远离电视广告

首先，了解你到底在反对什么是有帮助的。孩子的口味经受不住电视广告的轮番轰炸，但是，你可以选择让他们不看这些内容！可以让孩子看借来的碟片，看一些没有广告的付费电视台，和他们一起读书，以保护他们免受高糖、高盐、高脂饮食习惯的诱惑，远离汽水、薯片、糖、带甜味的麦片、快餐汉堡和披萨等。有时候，小孩子坐在电视机前面的时间甚至比在校时间还要长，很多孩子用看电视替代了本该有的运动或玩耍时间。所以应该限制孩子看电视的时间以防止他们因为缺乏运动而过重。永远不要让一个孩子边吃饭边看电视，或者让她看见你这么做！

无处不在的垃圾食品产业链用各种方式吸引着孩子和父母们：那些花花绿绿的玩具赠品、广告无处不在的游乐场、飘扬的广告热气球、快速汽车购餐通道以及廉价便捷的点单……忙碌的父母们会向它们妥协，尤其当孩子的乞求和哀号使周围人崩溃的时候。外卖晚餐似乎是更加便捷的选择，对疲劳的父母们而言，这意味着不用花时间准备食物和打扫。当然，现如今要在家里做饭和让孩子们参与到家务中更加困难，但这些过程会带来多么大的回报啊！

孩子们会感觉快餐餐厅非常令人兴奋。汉堡包上的番茄酱；可以打开很多小包装调料撒在食物上，然后把它们丢掉；甜甜圈和各种糕点、高糖高热量的饮料、含盐的薯条（通常里面还加了糖！），以及大量的脂肪……这些都成了不健康的饮食习惯。很快，孩子会不好好吃饭，除非有甜饮料、加了番茄酱的咸食和甜品——在电视节目进行过程中的每个间隙，你都可以看到这些东西的广告。

不让垃圾食品与健康食品“正面交锋”

一旦孩子的味蕾适应了这些重口味，你也许就把她丢给了这些垃圾食品。这些食物有可能导致蛀牙、肥胖和糖尿病。它们会让孩子“白白摄入卡路里”，而没有得到孩子身心健康成长所需的维生素或其他营养物质。如果和垃圾食品产生正面交锋的话，含盐少、含糖少、脂肪少、口感和口味更多元化的健康食品可能难以有一席之地。

父母对此不用太小题大做，但可以在厨房里储备各种吸引人的富有营养的食品，而非垃圾食品。孩子很可能会在朋友家里尝试足够的垃圾食品，甚至在学校里也能吃到那些垃圾食品公司拼命挤进学校去售卖的快餐和汽水。你可以简洁地告诉孩子："偶然吃一次薯片和喝汽水是可以的，但我们并不是每天都需要它们。"多说无益，太唠叨只会激发孩子偷吃禁果的更大兴趣。如果偶尔吃一个冰激凌蛋筒或一把薯片并不会有太大的害处，垃圾食品最大的问题是它们很容易改变孩子的口味，使其形成习惯于垃圾食品的进食习惯。如果要避免这一点，可以从烹饪书籍或互联网上参考大量健康食谱，制作出简便、实惠、足够好吃的健康食品来吸引孩子们。

在美国，肥胖似乎已经成为某种流行病，而儿童糖尿病的发病比例也在逐年上升。缺乏运动是其原因之一，但垃圾食品也是导致这些现象的主要原因之一。

如果极其忙碌的家庭依赖于外卖餐食，那么其中一些食物更为健康，比如果蔬沙拉、蔬菜和米饭（糙米好于大米）、皮塔饼和鹰嘴豆泥，或者裹上瘦肉、切碎的蔬菜和奶酪的手卷等。

家中可以存放的健康零食

- 新鲜水果；
- 葡萄干（孩子3岁以上可以食用）及其他干果；

· 坚果（孩子4岁以上可以食用）；

· 不加糖的果汁（100%的纯果汁，而不是水果饮料）；

· 奶酪；

· 酸奶；

· 苹果泥（避免添加糖）；

· 干麦片（选择低糖麦片）；

· 用健康食材自制的曲奇，比如燕麦、坚果、葡萄干，只添加少量糖及脂肪。

早产儿、体弱儿喂养

体弱儿有很多种，有可能是早产儿，也可能是足月的，但在孕期因为未知原因而未能从母亲胎盘中得到足够的营养。又或者，在分娩过程中他们经历了苦难，需要重新调整和康复。还包括那些出生时患有各种疾病的婴儿，有些是遗传性的，有些是从孕期出现的，有些则无法解释原因。

艰难地适应新世界

早产儿或因其他因素而致的体弱儿需要很快接受评估，并使周围人了解其情况。当她从首个重大压力——“出生”中恢复过来时，她必须要集聚自己的所有力量来面对全新的世界。所有这些全新的调整都很有可能令她无所适从：独立呼吸、循环及体温控制；适应新的、强烈的杂音与光线；适应自己的那些反射性运动反应，因为再也不是被子宫所包裹了；适应一种全新的方式来获得她所需要的营养和液体。一个体弱儿怎么可能在那么短的时间里完成这么多的调节任务呢？

出生和生存过程是神奇的，这也带给了父母们巨大的压力。父母为他们的孩子感到难过，并且努力面对他们对孩子未来的恐惧。“她能活下来吗？她会在生活面前败下阵来吗？如果她有缺陷，我还希望她活下来吗？如果她活下来，我知道该怎么养育她吗？”任何一个体弱儿的父母都会面对这些问题，并且在宝宝从医院重症监护室被转移出来之后面对各种养育方面的挑战。父母可能会因为打击太大而无法寻求足够的帮助和理解来适应宝宝当下的状况。我建议父母尽可能多地去重症监护室看望宝宝，并且从护士那里学习如何保护她、照顾她和喂养她。当宝宝逐渐康复并作出了相应调整，你们也会作出调整的。

喂养困难

这些宝宝当中许多会经历喂养方面的困难。吞咽困难——由于神经系统受损或发育迟缓所致的吞咽机制缺陷，喂养后出现的胃食管反流、肠道系统过度敏感导致的肠绞痛及肠易激惹，神经系统对听觉、触觉、视觉和动觉过度敏感——所有这些都需要在喂养的时候得到特别处理。被吓到的新手父母们需要在这些状况出现之前就有所心理准备。护士、医生和其他受过训练的专业人士会给宝宝提供他们所需的特殊照料，如果父母可以模仿学习，那么会有很多机会去舒缓和治愈这些脆弱宝宝们紊乱的神经系统。父母有权利寻求相关帮助。

耐心和对宝宝行为的细致观察会有很大帮助。一个早产儿或体弱婴儿必须慢慢恢复。很多不同的人体系统——循环和呼吸系统、神经系统和感觉器官以及胃肠道——都会在康复过程中交织在一起。为了让宝宝开始茁壮成长，这些部分需要变得更为整合。

这个过程需要父母的耐心与理解。他们必须做好准备以降低宝宝周围环境中的各种刺激（例如噪声、光线、甚至被触碰时的体感等）。但想要宝宝早日康复和“赶上”的渴望很可能会促使他们逼迫宝宝不停地吃、吃、吃，这有可能会和出发点背道而驰，比如当敏感的胃肠道不堪重负时，有可能会导致反胃或腹泻。

早产和低体重婴儿面临着双重挑战：一方面他们所需的营养要远多于足月的健康婴儿；另一方面，他们的消化系统却还没有成熟到能够消化那么多的食物。

配方奶喂养

早产儿宝宝可以使用特别的配方奶，医院里擅长早产儿调理的专业营养师也可以帮助决定使用哪种配方奶、是否需要稀释，以及需要多久喂一次、每次喂多少。有时候早产儿必须要用饲管喂养，或者静脉注射营养液以获取所需营养，直到他们能够自主吮吸，且消化系统也成熟到可以消化配方奶为止。

充满挑战的母乳喂养

对早产儿进行母乳喂养当然是可行的，但也是充满挑战的。一开始他们可能太虚弱，以至于无法吮吸乳房，因此如果妈妈想要继续母乳喂养，就需要把奶挤出来——当宝宝还在重症监护室，或即使当宝宝已经回家了。即使孕期猝不及防地结束，母乳中也含有完美平衡的蛋白质，以及那些可以保护婴儿免受感染的抗体。专业的营养师会在母乳中混入额外的营养，以满足早产儿的成长需求。

早产儿的母亲需要额外支持——来自于家庭的、重症监护室工作人员的，以及如果妈妈有需要的话还可以寻求泌乳顾问的支持。另外，可采取“袋鼠育儿法”，即母亲将宝宝放在自己的胸前，母子的肌肤直接接触，也称为“母婴肌肤相亲法”。这种方法能刺激促进妈妈的奶量，并且使她感觉到与自己的宝宝很亲近。这样的方式也会给宝宝带来好处。

父母们需要观察和适应宝宝的个体情况。例如，他们的宝宝可能每3小时就要喂一次奶，而不是每4小时一次。一开始，在一个安静、黑暗的房间里缓慢喂奶可能是必要的。之后，父母们可以渐渐增加刺激，观察那些宝宝已经喝饱的信号——吐奶、打嗝或排便。当宝宝的脸阴沉下来、身体扭开、肤色变化，所有这些信号说明她不堪重负。如果孩子受到过度刺激，她可能会把许多本要咽下去的食物都吐出来。为了让她一点点进步，可能周围不能有太多视觉、声音和运动物体的刺激，尽管这对于一个忙碌的家庭而言难以实现。

如果为了适应早产儿或体弱婴儿，父母进行了各种艰难的调整，但他们这样很有可能会对宝宝形成过度保护。当宝宝逐渐长大，开始经历一些正常而必然的“触点”时，他们发现自己这时会体验过度焦虑。孩子在触点来临时，有可能在喂养方面会出现意料之内的倒退，父母一定会担心并逼迫孩子继续吃，这种做法有可能会让孩子真的准备好自己吃饭的时候反而停滞不前。这些父母可能无法面对孩子的反抗，特别是当涉及食物的时候。他们一定会想要打压孩子这些想要实现更多独立的诉求，会对孩子说：“再试试这个，宝贝。”一个婴儿，尤其是一个曾经很脆弱的婴儿，需要很多机会来体验成功，以使她能够告诉自己：“我自己做到了！”孩子在和食物有关的战争中总能胜出，而父母在这个领域内与其引发战斗是不明智的。我认为虚弱婴儿的父母们不要过度保护孩子，但要鼓励孩子自给自足，如果父母做不到的话，就需要寻求帮助。不要在食物的问题上逼迫孩子，因为你只会是输家。

生病与进食

当孩子身体感觉很糟糕时，她不会想要吃东西的。

感冒或上呼吸道感染时

如果宝宝患有上呼吸道感染出现鼻塞、咳嗽或流感，需要确保她摄入了足够的液体。如果喉咙疼，那么可能她需要得到更多的鼓励才能摄入足够的液体。对年龄较大的孩子而言，温热或冰冷的饮料（甚至冰棒）喝起来可能更舒服。在此期间，每隔1小时左右给她提供一些稀的液体食物或水。此刻奶和辅食对她来说负担太大了，她可能会拒绝摄入那些东西。

如果你要清理宝宝的鼻腔，让她可以吮吸或喝水，那么可以在喂她之前使用用清水稀释到一半浓度的滴鼻剂，也可以自制滴鼻剂 [1/2茶匙（5毫升的茶匙）盐兑120毫升水]，在喂奶前10 ～ 15分钟给宝宝滴几滴。

腹泻、呕吐时

如果她正在呕吐，那么会拒绝摄入食物与液体，则避免脱水是当务之急，并且可以通过一些方式预防脱水。如果孩子胃部不适，那么需要暂时停止喂奶和喂辅食，可以暂时选择含糖和盐的液体来替代当下的饮食。如果孩子不断呕吐，可以试试不带气的干姜水，或者使用下列方法补水：1汤匙（15毫升）糖和1/2茶匙（5毫升）的盐，加入240毫升的水。一开始每5 ～ 10分钟给她喂一茶匙（约5毫升）。如果她能耐受这些，那么在第2个小时每5分钟喂1汤匙（约15毫升）。如果她再次开始呕吐，那么从头再来，并且通知医生。

如果孩子腹泻与呕吐同时出现，那么你最重要的工作是要防止她脱水，可以给她提供足够的含盐和糖的液体。如果她还发热，液体也可帮助她降温，或者让她获得足够的能量以再次开始进食。在孩子感觉很糟糕的时候，你可能需要另辟蹊径让她喝更多的水，甚至棒棒糖或含盐的苏打饼干都可能让她口渴。

脱水的信号

· 湿尿布变少，对于大一点的孩子，小便次数变少

· 皮肤干燥，眼窝凹陷

· 口干舌燥

· 嗜睡或易激惹

· 脉搏、呼吸加快

如果孩子出现上述任意一种信号，或者你有任何理由怀疑她脱水了，立即联络医生。

学校午餐

从家里带饭的积极意义

当父母让孩子“从家里带饭”作为学校里的午餐，食物对孩子而言就有了另一番意义：这成了和父母之间的一种连结，是一个可以想起父母的私密时刻，并且能在学校里依旧感觉自己离父母很近。还记得当我小时候在得克萨斯州上学时，经常能在中午的餐盒里发现软绵绵的花生酱三明治，以及时不时还有家里吃剩下的炸鸡块。这些食物是我和家庭的纽带，也把我

和送我上学的父母联系在了一起。那些关于分离如鲠在喉的体验总是会在我吃鸡翅的时候消散。

每个三明治、每个苹果、每根芹菜，这些食物对孩子而言都饱含着象征意义。你可以在餐盒里放进去各种有趣的小纸条，比如“祝你今天在学校过得开心哟！”“别忘了我们这周末的计划！”

给孩子准备中午的便当也是让她对食物做出选择的契机，甚至可以让她一起做些准备工作。当她在学校打开自己的午餐盒并发现自己挑选的甜品以及自己装进去的那些纸巾时，这些体验都是令人兴奋的。当然，相比给孩子钱在学校里买东西吃，准备午餐便当要花更长的时间。但如果你和你的孩子一起做便当——例如在吃完晚餐后，你们可以将一些菜放到明天的午餐便当里——这些都是你们一起共处的特殊时光！

如果孩子是在学校里吃饭，要知晓食堂里都提供了什么食物。有没有健康食品还是只有快餐？孩子们是否会在自动售货机前大排长龙购买那些糖果、汽水和方便食品？有时候，需要父母们聚集到一起抗议学校提供的午餐不够健康，尤其当快餐连锁店入驻了学校，或者食堂里可以喝到免费汽水的时候。

维生素和矿物质补充

在第一年的绝大多数时候，大部分婴儿主要依靠母乳或配方奶来获取他们所需的营养。当他们不断长大，学步儿和儿童如果是素食者，他们也能从肉类以外的食物中得到所需要的全部营养。但是需要特别注意的是，他们的膳食结构中需要包含足够的特定营养成分——例如，蛋白质、铁、钙和维生素B_{12}。

优质蛋白质来源包括乳制品和鸡蛋（对于素食者来说，其食谱中应包括牛奶和鸡蛋）、全谷物和大豆制品。肉类中的铁比植物中的铁更容易被机体吸收，但儿童可以从全谷物食品、铁强化麦片、豆类（鹰嘴豆、大豆、黑豆、豌豆和其他一些豆类）、某些绿叶菜（比如菠菜）和干果中吸收足够的铁。如果孩子的饮食当中不含乳制品，那么可以从钙强化果汁、麦片以及大豆奶或大米奶中获取足量的钙。一些豆类、坚果和绿叶菜中也含有钙质。维生素B_{12}只出现在动物制品中，如果鸡蛋和乳制品都被排除在膳食之外，那么就有必要补充强化维生素B_{12}的食物或相关的维生素补充剂。

维生素和矿物质补充须知

对大部分医生而言，许多食物和配方奶中已经含有大量维生素和矿物质，因此当孩子膳食营养均衡全面时，是没必要额外补充维生素的。但大一点的婴儿和学步儿古怪的念头会使他们不断拒绝一种又一种食物，这使得补充维生素变得格外有必要。当父母可以靠营养补充剂来填补孩子饮食中那些重要但缺乏的营养时，他们就更能够远离因食物而起的斗争，虽然这是暂时的。

维生素补充剂仿佛是在用很小的代价来换取你的安心，让你确信孩子的营养需求都已经得到了满足。使用多种维生素补充剂来搞定孩子暂时不肯吃蔬菜所导致的营养缺失，这种方式简便易行，可以避免把孩子的拒食逐步演变成斗争或更加严重的长期问题，太值得了！

儿科医生可能会在婴儿期推荐维生素滴剂（比如维生素D或铁），这些滴剂能够在宝宝准备好喝奶时轻易地滴进他们嘴里。等她长大一些，那些咀嚼类的维生素能让她更积极地参与其中。但要小心，她有可能会很喜欢吃那些美味的咀嚼式维生素，所以不要把那些东西随便乱放，因为学步儿很可能会食用过多的咀嚼式维生素，“因为它们的味道太好了”。因此，父母要把咀嚼式维生素瓶紧紧盖好，锁在药柜里，储存在孩子够不到的地方。

婴儿与儿童需要全面均衡的维生素、矿物质。每种营养元素所需的数量都是不同的，没有这些维生素或矿物质比另一些更好，并且也并非多多益善。当体内维生素过量时，有些会被孩子的身体排泄出去，但另一些则可能因为过量而造成危险。缺乏任何一种维生素、矿物质都会导致生理症状，如果你担心她缺少某些营养元素，可以和医生讨论孩子的饮食状况。对有些维生素和矿物质而言，要从日常饮食中确保足量获取可能是困难的，需要使用一些补充剂，其中包括铁、钙、维生素D以及维生素B_{12}（对素食者而言）。

铁的补充

在4～6个月前，婴儿体内通常还有足够的铁储备，因为她仍能依赖那些出生前从母体带来的铁。但到了4～6个月大的时候，婴儿会需要更多的铁，有时候会多于母乳和非强化配方奶的含铁量。相比配方奶喂养的宝宝，母乳喂养的宝宝更容易吸收铁，但许多配方奶都强化了铁。询问医生你的宝宝是否需要额外补充铁。

如果铁不足，宝宝可能会发展成贫血（红细胞缺乏）。研究显示，缺铁性贫血可能会干扰大脑的健康发展，并且导致学习障碍。

钙的补充

钙对于健康的骨骼发育非常重要。幸运的是，对于大部分婴幼儿来说，通过奶可以获取足够的钙质。但是之后，孩子们每天喝的奶量有可能会渐渐低于他们所需要的。乳制品——奶酪、酸奶和冰激凌都是良好的钙质来源，有时候橙汁当中也会添加一些钙质。骨骼对钙的吸收在儿童期至关重要，在青春期达到高峰。青少年每天需要1200毫克的钙以防止以后出现骨质疏松（脆弱易碎的骨骼）。但是，大多数统计数据显示，60%的青春期男孩和80%的青春期女孩并没有获取足量的钙。这是一种巨大的健康风险，因为成年人的骨骼相比儿童的骨骼并不能吸收那么多的钙。

维生素D的补充

钙的吸收能力取决于体内是否有足量的维生素D。维生素D的优质来源包括维生素D强化奶，有时候维生素D也被添加进橙汁中（固体奶制品，比如奶酪，则不含有额外的维生素D）。美国儿科医学会推荐婴儿每天摄入400国际单位的维生素D。很多医生相信每天至少需要400国际单位的维生素D。大部分配方奶都强化了维生素D，但母乳中并没有足量的维生素D。可询问儿科医生你的宝宝是否要补充维生素D。等到她断奶后，可以考虑给她每天喝一杯半（约360毫升）甚至更多的维生素D强化配方奶或牛奶。但也不要补充过度，因为维生素D过量对人体亦是有害的。

缺乏维生素D会导致钙吸收不良和骨骼脆弱，这在日照时间短、肤色更深的人群中更为普遍。这是因为经皮肤吸收的阳光可以激活维生素D，如果没有足够的日晒，可能就无法激活足够的维生素D，那么骨骼也不能吸收足够的钙。在年幼的孩子身上，缺乏钙或维生素D会导致严重的罗圈腿。如今，医生推荐儿童和成人（包括哺乳期的妈妈）限制日晒时间以预防皮肤癌，这就更令人担忧了。可以和儿科医生讨论是否要给宝宝补充维生素D，特别是如果你和你的宝宝肤色很深、居住的区域冬天漫长阴郁，并且膳食中含有的维生素D很少（亦可参见本章相关内容“营养需求”）。

反刍

反刍（rumination）是一种并不常见的障碍，是指3～12个月大的婴儿会在喂养之后把吃下的东西吐出来，然后反复咀嚼（有时候也会在一些大孩子身上发生）。她会进行吮吸或咀嚼运动，也有可能会把手指伸进喉咙以帮助自己把食物吐出来，甚至有可能会拱起后背把食物挤出来。

这时候父母是非常害怕的。他们的焦虑外加宝宝本身就具有的潜在问题会使宝宝的体重无法增加，甚至可能会减轻。如果一个婴儿出现这些症状，她需要接受儿童消化科医生的检查，以排查任何可能的疾病，比如幽门或食管下端狭窄、食管裂孔疝或膈疝、胃食管反流（参见“吐奶”“呕吐”“喷射状呕吐”）或胃肠道感染等。

如果那些反刍的婴儿经过检查排除了所有可能的医学原因，那么他们可能是在告诉你，他们在喂养或其他时间受到的刺激太多或太少。试着看看能否找到一些方法使你们的喂养时间变得更加令人满意。如果家里有吵闹的大孩子，那么也许你需要在一个刺激性更小的环境中喂养宝宝。在你开始给她喂奶之前，你也许会想要轻摇宝宝并对她温柔吟唱。也许你需要在喂奶后充满爱意地和宝宝说说话，这时可支撑起她的上身，避免食物被吐出来。

如果反刍情况一直持续，可向儿科医生求助（在排查了所有的医学原因之后，儿科医生可能会把你转介给有处理反刍行为经验的专家）。你的焦虑可以理解，但它们只会让问题变得更严重，而专家可以帮助你，这样你就可以帮助孩子克服这个令人担忧的问题。

铅中毒

铅中毒是一种非常严重的疾病，因为它会干扰胎儿和5岁前儿童的大脑发展，导致多动、注意力低下以及其他学习及行为问题，也有可能导致贫血（红细胞减少）。在铅中毒引起任何可见症状之前，可以在婴儿出生时在脐带血中检测到铅含量升高，并且在常规的儿保检查中也可检测到。如果你居住在老房子里，则需要确保儿科医生检查了孩子是否有血铅含量升高或贫血。含铅的油漆灰和灰尘会落到窗户上、窗台上、地板上。当一个刚开始爬行的8个月大的婴儿发现含铅的油漆片尝起来有甜味，她很快就会去找寻这些物体并且很享受它们的味道。

这时你可以把一些油漆片带到医生那里进行检测，然后你可以确定自己是否要去除居所中那些含有有害物质的油漆或塑料。铅中毒的早期症状包括易激惹、睡眠和进食问题以及便秘。随后，呕吐与头疼也会相继出现，还会出现胃疼、笨拙、虚弱、神志不清、癫痫，甚至最终会导致昏迷。在这些状况发生之前，一些治疗方法对于铅中毒是有效的，而且越早治疗越好。

铅中毒非常普遍，保护幼儿远离任何和铅有关的事物是一种预防方式——例如老式含铅的水管、含铅的油漆、带有含铅油漆的粉尘、被铅污染的土壤（可能是被含铅油漆或其他物质所污染），以及含铅的烹饪用品等。如果你住在比较老旧的房屋中，需要检测水质是否含铅。在幼儿居住的房屋内，含铅油漆需要被去除——在孩子降临前就需要那么做，或者可以搬去别的地方居住，但永远不要让孩子和这些含铅物质共处同一个空间。油漆和木块的剥落碎屑会导致含铅粉尘四处飞散，家长需引起注意。

异食癖

当8个月左右大的孩子发现她可以用拇指和食指拿起微小的物体（指尖抓握），她就需要更加仔细的看护了。现在她可以捡起任何地板上的细小物质并放在嘴里，会吃下头发、羊毛制品、纸、线头、油漆片、塑料块、泥土、灰尘、大头钉……任何小到能被放进嘴里并被吞下去的东西都是有可能的。幸运的是，她很可能会吐出一些没什么味道或无法食用的东西，但父母不能心存侥幸。

异食癖这一医学概念是指频繁而反复地尝试进食一些无法食用的物质。例如，在一些情况下，长期重复食用泥土或灰尘，这有可能是因为体内缺乏铁或锌所导致的。尽管婴儿通过把所有东西都放入嘴里来探索世界的方式是正常的，但到了四五岁的时候，这种行为应该已经消失了。

如果孩子对进食异物一直持有浓厚的兴趣，可试着用小块的食物来分散她的注意力。如果这种方式无效，需要向儿童医院中的相关科室医生寻求帮助，用其他积极强化手段来治疗异食癖。

致谢

感谢全国各地的父母们，没有你们富有远见的建议和积极的敦促，就没有这套简明实用的育儿书籍问市。感谢杰弗里・卡纳达、玛丽莲・约瑟夫；感谢婴儿大学的员工卡伦・劳森、戴维・萨尔茨曼和卡雷萨・辛格尔顿，感谢他们坚持不懈的努力，从他们身上我们学到了很多。特别感谢苏珊・弗雷茨仔细审核书稿，并提供了无价的建议，感谢编辑默洛德・劳伦斯在图书编写和出版过程中给予的建设性意见与指导。还要特别感谢我们的家庭，感谢他们所给予的鼓励与耐心，感谢他们曾教给我们的一切，我们书中的很多素材来源于此。